INCREDIBLE JOURNEYS

EXPLORING THE WONDERS
OF ANIMAL NAVIGATION

动物如何导航

DAVID
BARRIE

不可思议的天赋
与奇迹之旅

［英］大卫·巴里 著　王晨 译

海峡出版发行集团｜海峡书局
THE STRAITS PUBLISHING & DISTRIBUTING GROUP

图书在版编目（CIP）数据

动物如何导航：不可思议的天赋与奇迹之旅 /（英）
大卫·巴里著；王晨译. -- 福州：海峡书局，2022.8
书名原文：Incredible Journeys: Exploring the
Wonders of Animal Navigation
ISBN 978-7-5567-0980-9

Ⅰ.①动… Ⅱ.①大… ②王… Ⅲ.①动物学—普及
读物 Ⅳ.①Q95-49

中国版本图书馆CIP数据核字(2022)第106041号

著作权合同登记号：图字13-2022-044号
审图号：GS京（2022）0036号

出 版 人：林彬
责任编辑：廖飞琴　黄杰阳
封面设计：孙晓彤
美术编辑：程阁

动物如何导航：不可思议的天赋与奇迹之旅
DONGWU RUHE DAOHANG : BUKE-SIYI DE TIANFU YU QIJI ZHI LÜ

作　　者：【英】大卫·巴里
译　　者：王晨
出版发行：海峡书局
地　　址：福州市白马中路15号海峡出版发行集团2楼
邮　　编：350001
印　　刷：大厂回族自治县德诚印务有限公司
开　　本：710mm×1000mm　1/16
印　　张：16
字　　数：214千字
版　　次：2022年8月第1版
印　　次：2022年8月第1次
书　　号：ISBN 978-7-5567-0980-9
定　　价：68.00元

关注未读好书

未读 CLUB
会员服务平台

献给玛丽

目录

第二部分　圣杯

第三部分　导航为什么重要？

此物来自创世之初，
但是它尚未得到解释，
其内在之美无人知晓。

汤姆斯·特拉赫恩（Thomas Trahern，约1636—1674）

序言

此时此刻，一只乌鸦从我的窗前飞过。它看上去很有目的性，仿佛要去完成一项只有它自己知道的任务。一只熊蜂正在有条不紊地拜访花园里的鲜花。一只蝴蝶扇动着翅膀迅速越过高墙，狂野地四处流连，停留片刻，接着又飞了起来。一只猫正沿着小径走着，之后便钻进了灌木丛里，而在头顶上方，一架满载乘客的客机正准备降落希思罗机场。

看看你周围吧。无论在什么地方，动物们，不管是大的小的、人类还是非人类，都在移动。它们可能在寻找食物或者配偶，也可能在为躲避冬天的寒冷或夏天的炎热而迁徙，抑或只是在回家的路上。一些动物踏上了横跨地球的旅程，而另一些动物只是在自己的居所附近溜达。然而，无论你是一只从地球一端飞到另一端的北极燕鸥，还是一只叼着死苍蝇冲回巢穴的沙漠蚂蚁，你都必须能够找到自己的路。显而易见，这是一个生死攸关的问题。

当黄蜂飞出去狩猎时，它是如何再次找到自己巢穴的呢？蜣螂是如何沿直线滚粪球的呢？在绕着整个海洋转了一圈之后，是什么奇特的感觉指引一只海龟回到它出生的海滩产卵的呢？当一只鸽子被放飞在距离它的鸽舍数百千米之外的某个它从未到过的地方时，它如何找到回家的路呢？还有世界上某些地区的原住民，他们仍然能在没有地图或指南针的情况下（更别说GPS了）进行漫长而艰难的海上或陆地旅行，这又是怎么做到的呢？*

在这本书中，我想探讨的第一个问题非常简单，即动物（包括人类）如何找到它们去往各地的路？正如你将看到的那样，答案本身很吸引人，

---

* 不借助地图或设备的导航有时被称为"找路"，但为了清晰和简洁起见，我一般避免使用这个词。

但它们引发了更多的问题，涉及我们与周围世界之间不断变化的关系。人类正在抛弃我们曾经长期依赖的基本导航技能。现在我们可以毫不费力且精准地确定我们在地球表面上的任何位置，甚至都不用思考——只需按一下按钮即可。这很重要吗？我们还不确定，但在最后几章，我将探讨那些事关重大的问题。它们真的很重要。

在开始之前，我想先简单谈一谈日常生活中的一些导航挑战，这或许有助于我们做好准备。所以，不妨思考一下，当你抵达一座陌生城市时，你是如何应对的。

你的第一个导航任务是找到从飞机舱门通过入境检查站到行李大厅的路。即便是这种室内导航也会带来困难，尤其是如果你的视力受损的话，但我们通常可以通过跟随标识来克服这些困难。一旦坐上出租车或公共汽车，你就可以放松下来，让司机去做决定了。

到达酒店后，你必须先找到登记服务台，确定入住房间的位置——标识将再次帮上大忙。早上，你可能会想去附近走走。你的带有GPS功能的手机发出的迷人声音可以为你提供准确的方向，但那不是真正的导航，因为你是在被告知要做什么。

如果你是个思想独立的人，倾向于自己找路，你大概会去找一张纸质地图。第一个真实挑战就是在地图上找到你的酒店，换句话说，确定你的位置。接下来，你需要找到你想参观的景点，搞清楚如何抵达这些景点以及需要多长时间。这意味着你需要测量距离并估算自己的大概速度，而这就产生了测量时间的问题。虽然乍一看不明显，但对导航而言，时间和空间一样重要。

旅行计划到此为止。现在你面临着另一个问题，即离开酒店时，是左转还是右转。因此，在出发之前，你还需要知道自己面对的是哪个方位。有多种方法可以解决这个关键问题。你可以参考手机内置的指南针，也可以通过确认你所在街道的名称来确定自己的方位。此外，通过观察影子来判断太阳的位置或许对你也会有所帮助。接下来，一旦开始行走，你就需要通过对照地图来查看地标和街道名称，以记录自己的进展。

随着出门游览次数的逐渐增多，你开始掌握这座城市的布局——每部分是如何与它的相邻部分联系的。这是一个记住地标并在它们之间建立几何关系的过程。众所周知，有些人比其他人更擅长找路，但是如果你精通这种导航，你就会有信心在即便不看地图的情况下也能进行更长、更复杂的旅行，而且不再只是往返于酒店之间，可能会开始走那些连接城市不同区域的路线。此时，你已经获得了这座城市的"认知地图"（mental map）。

但是你可能会采用一种非常不同的导航技术。不使用地图，只是跟着自己的感觉走，直到发现自己感兴趣的东西，与此同时，要始终密切关注自己的前进方向和距离，以便你能安全地找到回酒店的路。

这一过程和传说中古希腊英雄忒修斯（Theseus）使用的方法类似。在进入牛头人弥诺陶洛斯的迷宫后，忒修斯解开了阿里阿德涅给他的线团，正是这个"线索"让他能够在杀死这头怪物之后找到返回的路。在繁忙的现代都市，线团并不是一种实用的导航工具，因此在实践中，没有地图的导航依赖于仔细的观察和记忆。

借助地图和不借助地图的导航之间的差别是至关重要的，这也适用于非人类动物。地图（无论是实体的还是存在于大脑之中的）提供了巨大的优势，尤其能够用来构建节省宝贵时间和精力的捷径，或者绕道而行以躲避危险和障碍。一些动物似乎确实会使用某种地图（尽管它们显然不是印刷在纸上的），但这一点很难证明，而探究这些地图是如何发挥作用的就更难了。这些是科学家们在探索动物的导航能力时面临的一些深层次的问题。

本书的结构反映了无地图导航和基于地图的导航之间的差别。在第一部分，我将重点放在了动物在没有地图的情况下是如何导航的；在第二部分，我讨论了不同动物使用各类地图的可能性，以及它们的大脑中存在类似地图的世界表征的证据；在最后一部分，我思考了动物导航科学对我们人类的意义。

每一章之间都用一个小故事隔开，以介绍动物导航的一些例子，通常是令人费解的例子，正文里无法恰当地容纳这些例子。我希望，这些例子不仅能够娱乐读者，还能揭示目前仍有很多谜团有待解开。

动物导航是一个庞大而复杂的研究领域，在这样一本简短的书中，我只能强调其中的一些重要主题。本书远不是对这个主题的详尽描述，因为它是针对普通读者而不是专业读者而写，所以我尽量避免使用专业术语。

我写的东西不仅反映了我的个人兴趣，在一定程度上也反映了我和那些塑造了我的研究道路的科学家的接触。我的注意力主要集中在描述动物们做了什么以及如何做，而不是讨论为什么。如果尝试回答最后一个问题，将会产生足以再写几本书的素材。

最后，我必须谈一谈动物福利。

在动物导航领域（就像其他研究领域一样），科学家们的工作受到严格的道德规范的约束，我采访过的所有人都非常认真地承担了避免施加痛苦的责任。但是他们当中的一些人仍然在进行让动物受到伤害的实验，而关于该主题的任何忽视他们工作结果的叙述不但是不完整的，而且极具误导性。

我坚信，我们应该尊重我们的动物伙伴，因此，我们必须避免轻率地把我们的需求置于它们的需求之前。我们如何确定哪些动物实验是合理的，这是个难以回答的问题，但至少我们应该尽自己所能，确保我们自己不去造成伤害。老实说，我一点也不确定我们对甲壳类和昆虫等动物的了解是否足以让我们有信心在这方面做出判断。

一些读者可能会觉得在追求知识的过程中伤害动物是绝对不合理的，在任何情况下都不合理。当然，全面禁止对动物进行有害的实验在伦理上是站得住脚的，不过我怀疑我们当中很少有人愿意承担这样做的后果，特别是当涉及医学研究的时候。但令人欣慰的是，近年来用于实验的动物的数量一直在减少（至少在英国是这样）。

关于动物科学研究的伦理问题存在很大争议，而我当然不会假装自己知道所有答案，但对科学家提出比我们其他人更高的标准肯定是不对的。

第一部分

无地图导航

1　斯特德曼先生和帝王蝶

7岁时，一位非凡的小学教师走进了我的生活。他教数学，但很少关心教学大纲或者学生们的年龄。斯特德曼先生的一节始于毕达哥拉斯定理的课很可能会绕到拓扑学上，然后消失在非欧几何的兔子洞里。这些都是让他着迷的事情，而且毫无疑问的是，他认为开拓我们的思维是件好事。

斯特德曼先生不仅是数学家，还是昆虫学专家，在夏天的几个月里，他在学校里放了一个捕蛾器。对我而言，上课日开始令人向往，因为我可以和他一起在上课之前检查前一天晚上的收获。

我的学校位于新森林地区（New Forest）的边缘，该地区是英国最适宜的昆虫栖息地之一，所以捕蛾器里经常会装满50只甚至100只蛾子，它们都是在晚上被明亮的灯光吸引过来的，此时正静静地趴在盒子里休息。我了解到，有些蛾子和蝴蝶并不是本地物种，它们只有在夏天时才会造访这里。其中一种常见的捕获物是伽马银纹夜蛾（'Y'moth），现在我们知道每年夏天都会有大量的伽马银纹夜蛾从地中海迁徙到北欧繁殖。这些昆虫为什么要这样长途跋涉，以及它们是如何找到路的，这些问题在当时完全是个谜。

我很快就迷上了鳞翅目昆虫，但令母亲沮丧的是，我的卧室里塞满了捕虫网、收集箱、标本板以及我用来养毛毛虫的高笼。有时在晚上，我会躺在床上，听着我的那些永远在进食的"俘虏"的咀嚼声，以及它们微小的粪便落在植物叶子（它们的食物）上时发出的微弱的嗒嗒声。当它们吃了足够多的食物后，就会变成蛹，肥胖的身体会化作一团炼金汤，从中奇迹般地变化出蛾子的成虫。而看着它们从坚硬、干燥的壳里挣脱出来，慢慢展开潮湿的、皱巴巴的翅膀，最终起飞升空，就是见证了大自然的一个奇迹，尽管规模不大，但同样令人惊叹。

　　为此长期叫苦不迭的母亲带我去了伦敦的自然历史博物馆，在那里，一个乐于助人的年轻策展人带我们去了幕后。他打开一扇没有标记的门，领着我们进入一个巨大的房间，里面摆满了红木橱柜，装着来自世界各地的数百万只蛾子和蝴蝶。他指着一只充满异国风情的大蝴蝶说，这种蝴蝶曾在英国出现过（尽管出现的次数很少）。它不是来自欧洲或非洲，而是来自北美。即使它在穿越北大西洋的途中有盛行西风帮忙，或者可能搭了海船的便车，但那也是一项非凡的壮举。

　　这种蝴蝶的翼展可达10厘米，翅膀看上去就像现代主义风格的彩绘玻璃窗。精致的黑色脉纹散布在明亮的橙色底子上，闪闪发光，仿佛有阳光穿过。这些深色线条与较粗的黑色边缘相连，看上去就像动物的头一样，而黑色边缘上还散布着雪白的圆点。你可能会说这种蝴蝶很花哨，但它鲜艳的配色警告了那些想要咬一口的捕食者——它们很可能会犯下一个严重的错误。这种蝴蝶的体内可能充满了从马利筋（这种植物是它们还是毛毛虫时的食物）中吸收的毒素。这种每个北美人都熟悉的蝴蝶就是帝王蝶*。

　　我和斯特德曼先生分享了自己的兴奋之情，后来他悄悄地向一家昆虫供应商订购了一只帝王蝶的蛹。当我打开包裹时，立刻认出了里面装的是什么：我有了自己的帝王蝶。

　　这只蛹看起来就像是珠宝商的杰作，大概有2.5厘米长。它被包裹在闪亮的翠绿色盔甲里，躺在自己的棉绒床上，就像一个等待重生的微型帝王。我能隐约辨别出翅膀的形状，以及将来可能成为成虫身体的体节。一排微小的、闪烁着金属般光泽的金色圆点环绕着蛹最肥硕的部位，而蛹身上到处都点缀着颜色深浅不一的金色。这是一个美丽的事物——在我看来，比成虫更美，但也令人不安，不知怎的，总感觉像是外星生物。我们自己的世界尚且充满了如此绚丽的奇异之物，外层空间的深处又如何能提供更大的奇观呢？

---

*　帝王蝶（Monarch butterfly），又名黑脉金斑蝶，拉丁学名为 *Danaus plexippus*。——译者注（后文若无特殊说明，均为译者注）

我未能见到那只蝴蝶破茧而出，因为它在发育成熟之前就死了。但此时，帝王蝶及其非凡的生活史已经吸引了我的想象力。

许多年后，我在距离长岛东端蒙托克（Montauk）不远的阿默甘西特（Amagansett）的沙丘上首次见到活的帝王蝶。那是在8月底，这只蝴蝶和其他数百万只我看不到的蝴蝶一起拍打着翅膀，坚定地向南、向西飞去。它的飞行之旅犹如一首无忧无虑的舞曲。它慵懒地拍打几次翅膀后，就飞起来了，然后滑行几秒钟，慢慢下降，之后再重新启动。但是它要去哪里，以及它究竟是如何找到路的呢？

正是对这些问题的答案的追寻使我走上了这条研究道路，并最终促成本书的创作。当时我就知道沿途会有惊喜，但不知道会有多少不同的惊喜。

最早的导航员

研究之初，我只想到了我能看到的动物，比如昆虫、鸟类、爬行动物、大鼠和人类，但是我们这颗星球上出现的第一批生命形式其实非常微小，它们才是动物导航的先驱。

地球诞生于大约45.6亿年前，是一群游荡的小行星在引力作用下相互吸引并结合的偶然产物。在那时，它还不是一个适宜居住的地方：整个星球表面都覆盖着熔岩。大约45亿年前，当这片岩浆之海开始冷却和硬化时，第一批大陆出现了，但是当时没有海洋，甚至没有空气。

在此后的数亿年里，这颗年轻的行星受到了更多小行星的轰炸，但这些爆炸性的相遇并不完全是破坏性的。它们带来的化学成分产生了最早一批生物和水。到39亿年前，地球开始逐渐平静下来，而在早期海洋的深处，简单的生命形式开始在深海热液喷口——富含矿物质的过热海水从海底喷涌而出，就像现在一样——附近出现，其中就包括最古老的细菌。

虽然我们通常将这些单细胞生物和疾病联系在一起，但其实绝大多数细菌是无害的，而且其中许多对我们的身体甚至精神健康都做出了重要贡献。为了生存，它们会朝着自己需要的东西（如食物）移动，并远离那些会使它们陷入危险的东西（如过热、过酸或含碱量高的环境）。一些细菌有特殊的推进方式，如可以驱动被称为"鞭毛"（flagella）的旋转细丝的微型马达。这种最简单的导航形式被称为"趋性"（taxis），该词来自希腊语，原意是排列或安排。

有些细菌会进行一种特别令人惊讶的趋性运动。这种所谓的"趋磁细菌"含有微小的磁性颗粒，而当这些颗粒首尾相连时，就像微型罗盘针一样。这些"磁针"迫使细菌与地球的磁场保持一致，从而帮助它们找到贫氧层的水和沉积物，并在那里繁衍生息。在来自北半球的细菌中发现的磁针与南半球细菌中的磁针具有相反的极性。这个简单的例子说明了自然选择的力量。

细菌化石极难辨别，但是趋磁细菌的遗骸已在拥有数亿年甚至数十亿年历史的岩石中被发现。尽管它们被认为是地球历史上最早的磁导航者，但活的趋磁细菌直到1975年才首次被发现。说也奇怪，这一发现与人们在更复杂的生物体（如鸟类）身上首次证实的磁场导航现象相吻合。

单细胞生物中与我们亲缘关系最密切的类群是领鞭毛虫（choanoflagellates），一个极为拗口的名字。它们可不是比细菌复杂一点那么简单*，生活在水里，有时会聚集在一起。和我们一样，它们也依赖氧气，而且它们不但可以检测到氧气浓度的微小差异，还可以通过使用鞭毛主动地向氧气更充足的水域游去。

更令人印象深刻的是那些不起眼的、被称为"黏菌"的单细胞无脑组合。这些简单的生物体可以缓慢但坚定地朝着隐藏在U形容器底部的葡萄

---

* 近期的研究显示，领鞭毛虫可以归入动物总界（Holozoa），是与动物非常近源的类群，其细胞结构和细菌有较大差别。同样，后文中的黏菌也不是细菌，它应该归入古虫类（Excavata）。——审者注

糖供应地流动。为了做到这一点，它们使用了一种简单的记忆，让自己避免重复造访已经探索过的地方。它们还擅长解决一个人类设计师认为有挑战性的问题，即建造高效的轨道交通网络。

研究人员发现，对于一种特定的黏菌，如果为它们提供大量麦片并按照东京周边地区的城市布局排列这些麦片，它们会开始构建一个"隧道"网，以分配它们从麦片中获取的营养。令人惊讶的是，这个网络最终与东京周边的实际轨道系统相匹配。这种黏菌在实现这一壮举时，首先会创建通向各个方向的隧道，然后再逐步地删减它们，最终只留下那些输送营养物质（可以解读为"乘客"）最多的隧道。

将复杂性提升到更高层次，海洋尤其是环绕北极和南极的海洋里充斥着大量多细胞生物，也就是浮游生物，虽然它们的尺寸比单细胞生物大得多，但仍然很小。其中的许多动植物是肉眼看不见的，但它们的数量是如此多，以至于海洋看起来就像一锅食材丰富的味噌汤。浮游生物的爆炸式增长甚至可以将整片海洋染成锈红色。

像这样的生物不需要知道自己所在的确切位置，这个说法是有道理的，因为它们在很大程度上受洋流摆布，但它们绝不是被动的。为了找到食物或者避免自己被吃掉，许多浮游动物，包括鱼苗、小型甲壳类和软体动物，会在水柱中上下移动，每天黄昏和黎明时分从黑暗的深处升到水面，然后再返回。而浮游植物通常停留在水面附近，以获得更多光照，如果有必要，它们也会向下降，以免过度暴露在有破坏性的紫外线下。

这些事件发生的时机取决于浮游生物探测光照变化的能力，不过在北极长达数月的冬夜，浮游动物则会根据月光转换成另一种节律模式。在某些情况下，可能会有更多的过程，而不仅仅是对光照变化的简单反应。有些浮游生物在察觉到任何变化之前就开始移动了，甚至当它们被转移到黑暗的水族馆里时，它们还会持续数天进行这种垂直迁徙。这种令人费解的行为似乎依赖于某种控制其运动的内部"时钟"。整个海洋的食物链最终都依赖于浮游生物，所以它们每天进行的大规模迁徙对整个地球上的生命来说至关重要。

即使是简单的蠕虫也必须自己找路，而其中一种蠕虫在地下挖洞时似乎会利用地球的磁场来掌控方向，这种蠕虫就是标准的实验室动物秀丽隐杆线虫（*Caenorhabditis elegans*）。此外，还有一些种类的蝾螈会利用磁罗盘，它们可以从12千米之外的某地找到返回池塘家园的路。

箱水母是一种小型的透明生物，在澳大利亚的热带地区，它们因其给人们带来的痛苦蜇刺而臭名昭著。箱水母没有大脑，但有眼睛，而且它们不会简单地随波逐流。这种水母在水中非常活跃，并带着强烈的冲动去主动追捕猎物。令人惊奇的是，它们拥有至少24只眼睛，而这些眼睛又分为四种不同的类型。

更令人惊讶的是，其中的某些箱水母可以利用水面上的地标进行导航。有一种经常出没于加勒比海地区红树林沼泽的特殊箱水母，无论它们身体的朝向如何，总是会有一组眼睛指向上方。这些高度特化的眼睛周围的组织中存在着坚硬的晶状体，使眼睛保持这种朝向。

瑞典隆德大学（动物导航领域最重要的研究中心之一）的生物学家丹—埃里克·尼尔森（Dan-Eric Nilsson）想弄明白这些向上看的眼睛在做什么。于是他和他的团队将这种水母放进透明的敞口水箱，再将水箱放入紧邻一片红树林沼泽的海里，然后用摄像机监测它们的行为。当水箱被放置在里面的水母可以看到红树林树冠边缘，但距离树冠边缘还有几米远的地方时，这些水母会不断地撞击水箱距离红树林最近的侧壁，仿佛在试图靠近红树林。但是当水箱被移到更远的地方，从水下看不到红树林时，这些水母就会随机地四处游动。

这种水母似乎是用它们向上的眼睛来辨别红树林的轮廓。这使它们能够停留在浅水区——它们捕食的微小浮游生物也往往聚集在那里——不过它们只有在距离树冠边缘不太远的地方才会这样。

这些只是生物展现出的乍看上去似乎很简单的非凡导航能力的少数几个案例。

⊙ ⊙ ⊙

迪士尼电影公司的老电影《不可思议的旅程》(*The Incredible Journey*)讲述了两条狗（一条拉布拉多犬和一条斗牛梗）和一只暹罗猫的故事，它们被主人托付给一个朋友照顾。这些可怜的动物不明白它们只是暂时寄宿在这栋陌生的房子里，于是决定自己去找回家的路，但这需要穿越400千米的加拿大荒野。在经历了与熊和猞猁的令人毛骨悚然的正面交锋、险些溺水身亡、与豪猪狭路相逢等惊险遭遇之后，这三只动物最终与家人团聚。

怀疑论者很可能会认为这个故事简直难以置信，但或许他们应该再想一想。2016年，一条名叫佩罗的牧羊犬从它位于英格兰湖区的新家逃离，并最终回到威尔士的老主人那里。它只用12天就跑了385千米，而且到达时身体状况良好，完全出人意料。当时佩罗身上有一个微芯片，所以不存在错认的可能。

没有人知道佩罗是如何完成这一壮举的。我想，也许它是通过一系列非凡的幸运选择才找到回家的路的，但这种可能性微乎其微。令人惊讶的是，狗和猫的导航技能几乎没有得到严肃科学的关注，尽管根据最近的一项研究可知，狗在大小便时更喜欢面向北方或南方。因此，也许它们拥有某种内置的指南针，至少能帮助它们辨别自己该往哪个方向走。如果是这样的话，它们将成为能够感知地球磁场的生物中的一员，而且这类生物的名单正在迅速扩大。但是，仅凭指南针并不能让佩罗找到回家的路。

当佩罗前往湖区的新家时，它很可能以某种方式设法记下了自己被带去那里的路线。之后它再重建自己走过的路线，是这样吗？也许它敏锐的嗅觉在这个过程中也发挥了一些作用。

2 吉姆·洛弗尔的魔毯

查尔斯·达尔文在其作品中写道："人类的身体结构中仍然保留着其卑微出身的不可磨灭的印记。"然而，即便是他，若是知道我们的眼睛与箱水母、乌贼、蜘蛛和昆虫的眼睛有着相同的古老起源，也会感到惊讶的。

数亿年来，自然选择的无情试炼场造就出眼睛和大脑，让我们（和其他动物）能够毫不费力地挑选出我们真正需要看到并记住的东西。眼睛不仅能帮动物找到食物和配偶，躲避危险，而且和其他感官不同的是，除了近在咫尺的东西，它们还能提供关于远处物体的极为详细的信息。对许多动物来说，眼睛是最重要的导航工具，而我们人类一直在使用它们来寻找自己的路。

与许多其他动物相比，居住在城市里的典型人类并不是有天赋的导航员，但是经过练习，我们大多数人都可以在地标的帮助下很好地完成这项任务。当我们聚精会神时，我们的视觉记忆实际上会非常出色。例如，我们可以识别出至少一万幅我们此前只短暂看过一次的图像。

即便是强大的计算机也难以和我们匹敌。事实证明，让它们去执行相当简单的视觉识别任务也是极其困难的。让一台计算机在两张关于你家房屋的照片（一张是晴天的早上拍的，另一张是在雨夜拍的）之间寻找匹配，也是件困难的事。因为影子位置的变化或者从窗户里突然透出的明亮反射光，都足以使它陷入无望的混乱局面。原始的处理能力不是答案，或者至少不是全部答案。一台超级计算机在处理视觉识别任务时也会遇到困难，除非它像我们一样，"学会了"如何专注于稳定的、与之相关的特征，忽略所有的视觉"噪声"。"机器视觉"仍然容易犯我们绝不会犯的错误，那些涉及无人驾驶汽车的交通事故已经非常清楚地证明了这一点。

我们都知道地标通常是什么样的，想一想埃菲尔铁塔或者洛杉矶的好莱坞标志，但是它们有许多不同的，有时甚至令人惊讶的形式。它们可能大如密歇根湖或大金字塔，也可能小如单只脚印。人们可以通过留下一连串卵石（就像古老的童话故事中描绘的那样）或者用斧头在树皮上刻下"火焰"来标记路线。阿里阿德涅给忒修斯的线团也可以被视为单一的、延伸的地标，标记了他可以安全返回的路线。

除了用来确定目标或作为路线上的路径点，视觉地标还可以提供宝贵的方位信息。以俯瞰纽约港的自由女神像为例。由于自由女神像是不对称的，所以你可以根据她的轮廓来判断你是从哪个方向看她。

很显然，一个好的地标的最重要的特征就是它应该极为突出，并且需要停留原地足够长的时间，只有这样才能派上用场，但奇怪的是，它不一定非得是固态的物体。

在电影《阿波罗13号》中，汤姆·汉克斯饰演的宇航员吉姆·洛弗尔在他那命运多舛的登月任务中面临灾难，而他焦虑的妻子则通过观看他以前的一次电视采访得到了抚慰。采访中，洛弗尔讲述了他在20世纪50年代作为一名年轻的海军飞行员曾驾驶飞机从位于日本海的一艘航空母舰上起飞去执行任务的经历。当时是夜里，他的燃料很快就将用完，如果他不能迅速找到自己的母舰，他就不得不在"巨大的黑色海洋"中迫降。但是航空母舰上没有亮灯，他的雷达也出故障了，而且当时航空母舰的归航信标还被当地一家广播电台意外干扰。

当洛弗尔试图打开驾驶舱里的照明灯查看海图时，电气系统短路了，这下所有设备全部失灵。此时在一片漆黑之中，他开始考虑水上迫降（即便在白天，这也是一个冒险的做法）。那一刻一定非常可怕。后来，当他看向下面的大海时，他看见一条由发光的浮游生物构成的长长的、发着光的"绿色地毯"，"这条毯子"标记出了他正在寻找的那艘船的湍流尾迹。对此，洛弗尔说道："它就在那里指引我回家。"如果洛弗尔驾驶舱里的照明灯没有发生故障，他永远也不会发现它。

仍然有少数土著居民没有抛弃他们传统的导航技能。太平洋岛屿上的远洋水手们充分利用了太阳和星星，而生活在遥远北方的因纽特人则主要依赖地标找路，原因很简单，他们无法指望有晴朗的天空。在某些地区，比如格陵兰岛沿海，不乏有很多可以从远处就能看到的壮观的自然风貌，如高山、悬崖、冰川和峡湾。但在风景地貌比较单一的地区，因纽特人建造了他们自己的地标，名为"inukshuks"*。这种标识看上去很像人像，通常被放置在高地，而人像的"手臂"指向最近的庇护所。

研究因纽特文化的权威人士克劳迪奥·阿波塔（Claudio Aporta）曾在北极地区进行过多次长途陆上旅行，据他所言，经验丰富的因纽特寻路人掌握了数千千米的路线图，并能辨别出沿途的无数路标。也许因纽特人的视觉记忆异乎寻常地强大，但他们也充分利用了我们所有人都可以使用的一种能力，即口头语言：

> 由于因纽特人不使用地图来旅行或展示地理信息，所以古往今来，这个庞大的数据语料库一直通过口头和旅行经验的方式进行共享和传播。

这些口头描述依赖于通过"精确的术语来描述陆地和冰川的特征、风向、冰雪状况和地名"。

因纽特人的旅程可能非常艰难。在浓雾和极地暴风雪中进行漫长等待的情况并不罕见，但对在GPS出现之前就已经学会了导航的老一辈人而言，"迷路或者找不到路的概念在经验、语言或理解力的范畴中都不存在"。他们完全适应了周围的环境，并尽可能地充分利用他们能够获得的每一条导航线索。

我们现在称为澳大利亚的那片土地上的原住民也是如此。大约在5万年前，他们通过海路首次抵达那里，而且像因纽特人一样，他们发展出了主要基于使用地标的高水平导航技能，而且可以在漫长而复杂的歌曲的帮助

★ 因纽特语，直译过来是人形模样的意思，泛指人形石碑。

下沿着漫长的路线穿越内陆。

这些歌曲使他们能够通过唤醒来自"梦幻时代"*的神灵来识别沿途遇到的自然特征。正如一名专家兼观察家（欧洲人）曾雄辩地指出的那样，原住民导航方法的特点是"相信有一种可以掌控物质的精神力量，并在永恒的目标之下彰显它们的崇高性，使人们觉得自己在其中占有一席之地"。

虽然西方的城市居民无法领会那些存在于原住民、因纽特人与他们的居住地之间的亲密关系，但我们自己的远祖很可能也采用过类似的导航技术。一想到这些技术如今无法恢复，就不免令人遗憾，因此更重要的是，那些仍然拥有如此非凡技能的人的知识不应该失传。

有些人说的语言迫使他们无时无刻不在思考自己前进的方向。

昆士兰州的原住民古古伊米德希尔人（Guugu Yimithirr）——库克船长（1728—1779）显然就是从他们口中学会了后来英文中的"袋鼠"（kangaroo）一词——从来不使用"左"或"右"这样的字眼。他们只使用罗盘上的方位：

> 如果说古古伊米德希尔语的人想让车里的人挪下位置，让出点空间，他们会说"naga-naga manaayi"，意思是"往东移动一点"……在电视屏幕上给说古古伊米德希尔语的老人播放一段无声短片，然后让他们描述主人公的动作时，他们的回答取决于他们看短片时电视机的朝向。如果电视机朝北，而屏幕上的人看上去正迎面走来，老人们就会说这个人在"往北走"……如果你面朝北看一本书，一个说古古伊米德希尔语的人想让你翻页，他会说"再往东去"，因为书页是从东往西翻的。

正如盖伊·多伊彻（Guy Deutscher）所说：

> 如果你必须先知道自己的方位，才能理解别人说的最简单的

★ 澳大利亚土著人传说中的创世时期。

内容……你会养成在生命中的每一刻都计算和记忆基本方位的习惯。由于这种思维习惯几乎从婴儿时期起就开始被反复灌输，所以它很快就会成为你的第二天性，而且这一过程是在毫不费力且无意识的情况下进行的。

这些语言特点可能反映了古古伊米德希尔人所面临的特殊导航需求。对他们而言，不断思考自己的方位——一种根植于语言结构中的意识——可能对生存至关重要。

普罗旺斯花园中六条腿动物的秘密

从我第一次发现法国昆虫学家让-亨利·法布尔（Jean-Henri Fabre，1823—1915）的著作起，就一直对他情有独钟。他的主要著作《昆虫记》（第一卷出版于1879年）引发了最不寻常的出版现象之一：一本专注于节肢动物的畅销书。他不仅用某种语言写出了关于昆虫生活的最抒情的、最有趣的描述，而且他本人还是动物导航研究的先驱。

法布尔远不是传统意义上的学者，他非凡的观察力与好奇心、耐心和独创性是一名真正的科学家的标志。他一生中的大部分时间都靠当教师来养家糊口，辗转于科西嘉岛和普罗旺斯各地工作。虽然法布尔常被描述为自学成才的科学家，但他实际上与学术界有着密切的联系，并获得了学士学位和博士学位。他最终靠编写教科书来贴补家用，事实证明，这项事业颇为有利可图，并让他能够放弃教学工作，全身心投入研究中。

法布尔对普罗旺斯的田野和山丘上的昆虫和蜘蛛（当时它们的数量肯定比现在多得多）十分着迷，其中对泥蜂（digger wasp）尤其感兴趣。这些寄生动物在它们的巢穴里产卵，并将被麻痹的猎物带回巢穴封贮，以供孵化出的幼虫从容享用，而整个巢穴就像是一个恐怖的活体食物储藏柜。法布尔观察到，在为巢穴补给食物时，泥蜂经常会进行令人惊叹的长途跋涉，而且他还惊奇地发现，即使将它们带到数千米之外，它们仍然能找到回家的路。

法布尔根据其他观察的结果得知，泥蜂的两只触角在寻找猎物的过程中起着关键作用，他想知道泥蜂的导航能力是否也依赖该器官。于是法布尔直接剪掉了它们的触角，看看结果会有什么不一样。他惊讶地发现，这种极端操作对泥蜂的归巢能力完全没有影响，尽管这些不幸的生物大概会因此挨饿。

被泥蜂搞得困惑不已之时，法布尔将研究重点转移到了那些生活在他的大花园里的凶猛的红蚂蚁身上，这个物种会袭击庭院里黑色蚂蚁的巢穴，偷走它们的幼体。*这些对象的研究难度要小得多，因为它们出巢劫掠时很容易被观察到。在他6岁的孙女露西的帮助下，法布尔进行了一系列简单但极具开创性意义的实验。

首先，露西（忠于职守到令人钦佩）站在那里看守着红蚂蚁的巢穴，耐心地等待突袭小队的出现。然后，她跟在这支纵队后面，用白色的小鹅卵石标出它们的路径，就像童话故事里的小男孩常做的那样。†一旦红蚂蚁找到了可以掠夺的黑蚁巢穴，露西就跑回去告诉她的祖父。

法布尔发现，红蚂蚁带着猎物回巢时总是能准确地沿着来时的路线原路返回，他认为它们可能是受到了某种气味的指引。为了验证这个猜想，他尝试用各种方法来抹除或遮盖它们可能在追踪的任何气味。首先，他试

---

* 法布尔当年观察到的红蚂蚁很可能是欧洲和中亚等地区广泛分布的橘红悍蚁（*Polyergus rufescens*），这种蚂蚁入侵并奴役蚁属（*Formica*）多个蚂蚁物种，袭击它们的巢穴并掠夺蚁蛹。法布尔当年在庭院里观察到的黑色受害蚂蚁具体的物种不太容易确定，有可能是丝光褐林蚁（*Formica fusca*）或黑褐蚁（*Formica gagates*）等及其近源物种。——审者注

† 在夏尔·佩罗最初的法语版本中，这个小男孩叫"Petit Poucet"（小拇指）；在英译本中，被称为"Hop o' My Thumb"（从我的拇指上跳下来）。当他和哥哥们被穷困潦倒的父母遗弃时，小男孩用小鹅卵石留下一条小径，找到了回家的路。但当他后来使用面包屑时，这个办法完全不起作用，因为面包屑被鸟吃了。

图通过用力清扫地面来破坏这种气味。但这些决心无比坚定的蚂蚁只是短暂耽搁了一会儿就再次找到了路，要么直接穿过清扫区域，要么从这些区域旁边绕过去。

法布尔怀疑这条路上的某些痕迹可能躲过了他的扫帚，所以接下来他用一根水管在路面上浇水，希望能冲洗掉任何残留的气味。然而，这些蚂蚁最终还是通过了障碍。当他把薄荷醇涂在其中一段路上试图掩盖假想的气味时，情况也是一样。

此时，法布尔开始认为红蚂蚁可能是依靠视觉线索而不是气味来追溯它们的路径，尽管它们显然是近视眼。或许它们记下了某种地标。为了验证这个想法，法布尔改变了这些蚂蚁回巢之路的外观，先是在上面铺了几张报纸，后来又在上面铺了一层黄沙（它的颜色与周围的灰色土壤完全不同）。这些干扰给蚂蚁带来了更大的困难，尽管它们仍然设法回到了巢穴。

法布尔发现，即使在两三天之后，这些蚂蚁仍然可以重回猎物来源地，但是当他将这些蚂蚁转移到花园中它们以前从未去过的地方时，它们完全迷失了方向。而这也从另一方面说明，这些蚂蚁可以毫不费力地从它们熟悉的地方成功归巢。

基于这些观察，法布尔得出结论，这些蚂蚁依靠视觉而不是嗅觉来追溯它们的足迹。尽管法布尔惊诧于如此小的动物竟然聪明到足以做这样的事情，但他确信蚂蚁和人类导航员一样，利用视觉地标来找路。他朴素的方法可能不符合现代科学严谨的标准，但他绝对是在正确的研究轨道上。

◎　◎　◎

和法布尔一样，伟大的荷兰野外生物学家尼科·廷贝亨（Niko Tinbergen，1907—1988）也着迷于泥蜂在进行了漫长的觅食探险后准确无误地返回洞穴的方式。至少在廷贝亨看来，这些小小的洞口非常不起眼。泥蜂是如何找到它们的呢？他认为泥蜂很可能记住了地标，所以他在巢穴入口放了一圈松果。当他偷偷移走松果时，他很高兴地发现，返回的泥蜂会去新的位置寻找巢穴入口。

但是，这些泥蜂是被任意大小或形状的地标所吸引，还是某些带有特殊的视觉特征的地标比其他地标更能吸引它们的注意力？为了解决这个问题，廷贝亨尝试在洞穴周围放置各种各样的标识物。当泥蜂离开后，他开辟了两个人工入口，而且每个入口都被一种标识所环绕。

结果发现，深色的立体标识对泥蜂的吸引力强于浅色的扁平标识。而对蜜蜂进行的类似实验表明，在离开一朵富含花蜜的花朵时，蜜蜂会仔细观察周围的景观，尤其关注三维地标。蜜蜂甚至可以利用这些地标之间的几何关系（尤其是它们和花之间的距离）来帮助自己找到返回的路。

3　错综复杂且恐怖的丛林

汗蜂（sweat bee）*是美洲热带地区的本土物种，这个相当不讨喜的名字据说源于它们喜欢舔食人类的汗液。那些更为人所熟知的蜜蜂通常在白天飞行，而汗蜂只在黄昏和黎明时分出没：它们是一种类晨昏型动物。雌蜂生活在雨林中，并在隐藏在林下灌木丛中的蛀空的小树枝上筑巢。当它们开始觅食探险时，必须在茂密的植被中择路前行（尽管它们也有可能从树冠顶部飞过，但目前还没有人能确认这一猜测是否属实），而根据它们收集的花粉判断，它们至少可以旅行300米远。

热带地区的天黑得很快，而雨林里面更是漆黑一片，因为树叶遮挡了大部分可见光。汗蜂的导航任务在白天已经够难的了，但是一旦太阳落山，光子的缺乏就使其"特别具有挑战性"。这已经是相当轻描淡写的说法了。

我前往瑞典南部的隆德大学与埃里克·沃兰特（Eric Warrant）会面，他的团队在这方面取得了非凡的成就。沃兰特是一个热情洋溢且精力充沛的澳大利亚人，他对昆虫视觉的了解不亚于该领域的专家。当他发现我和他一样喜欢六条腿的动物时，他显然很高兴。

在我们谈话的过程中，沃兰特解释说，你可以通过记录动物眼睛对不同强度的光点的反应来测试动物眼睛中单个感光细胞的灵敏度。当光线非常暗时，什么都不会发生，但是随着光线的亮度逐渐增强，感光细胞会开始"发射"微小的电信号。如今，人们已经使用这项技术证明一些动物可以探测到单个光子的光。

因此，我们值得停下来思考一下，这意味着什么。光子是自然界的基本粒子之一，但令人费解的是，它也像波一样传播。我们现在谈论的是一

---

* 隧蜂科中的一类。

种极其微小、据说像点状物的东西，换句话说，它根本不占任何空间，也没有任何质量。然而，光子的传播速度非常快（以光速运动），并传递极少的一点能量（能量大小随波长而异）。

任何动物的眼睛都能探测到如此微小的能量包，这一事实令人震惊，但汗蜂独树一帜。汗蜂的感光细胞每秒钟仅能接收5个光子，但它能设法在丛林中找到回家的路。它的夜间导航技能让沃兰特为之震颤：

> 它们居然能穿越那错综复杂且恐怖的丛林，找到鲜花，然后毫不费力地找到回家的路，并以不可思议的准确度降落，这简直离谱，太离谱了。

汗蜂复眼非同寻常的灵敏度本身并不能解释它们如何在几乎完全黑暗的环境中如此成功地导航，还需要更多的东西。答案就在于它们大脑中的特殊细胞，这些细胞负责将来自它们眼睛的信号"叠加"起来。这使它们能够最大限度地利用来自周围世界的非常有限的信息流。和那些活跃于白天的蜂类相比，汗蜂的飞行速度较慢，这也为"叠加"进程提供了更多时间。沃兰特认为，汗蜂很可能充分利用了由森林树冠和夜空之间的对比所形成的非常朦胧的图案作为地标，指引它回到自己的巢穴（这一情况在一些生活在雨林中的蚂蚁身上已经被证实），尽管这一点还有待证实。

在离开巢穴时，汗蜂会进行一次"定向飞行"，而在此过程中，它会刻意返回，观察洞口和周围环境。沃兰特和他的同事在一只汗蜂飞离蜂巢之后挪动了它的巢穴，他们发现这只汗蜂又回到了蜂巢的原始位置，大概是受到了周围地标的指引。

为了验证这个猜想，在这只汗蜂离巢之前，他们在洞口处放置了一张白色卡片，而等它离开之后，再将卡片放在邻近的一个废弃蜂巢上。这只汗蜂一回来就被卡片骗了，钻进了错误的巢穴（并很快从中离开）。当科学家们将卡片放回原来的位置时，它才找到回家的路。显而易见，归巢过程不是基于气味。

人们通常小瞧了鱼类，不仅仅是因为人类栖居在鱼上方的空气中。在我们肤浅的凝视中，它们看上去冷冰冰、黏糊糊的，而且坦率地说，相当愚钝。要不然它们为什么会傻到去咬鱼钩或者游进网里呢？但在这一点上，就像我们的许多偏见一样，我们只是暴露了自己的无知。和陆地动物相比，人们在野外研究鱼类要困难得多，所以我们对鱼类的无知程度仍然十分严重，但有一点可以确定的是，它们并不是在随意地游来游去，各种不同类型的地标在它们的导航工具包中占据着突出的位置。

鱼类拥有各种各样的感官，其中一些对我们而言是相当陌生的。它们的侧线器官——身体两侧的一系列对压力敏感的小孔——对周围水里最轻微的移动也极其敏感。正是这一点赋予了鱼群同步改变方向的超常能力。

盲眼的墨西哥丽脂鲤（*Astyanax mexican*）利用自己在水中运动时所产生的压力波来探测周围物体的存在和位置。当这类鱼在黑暗中游动时，它们的侧线可以捕捉到周围物体所产生的独特反射，而且它们还能根据这些液态"地标"找到可通行的路线。

其他鱼类会利用视觉地标，例如印度攀鲈（Indian climbing perch）。这个物种要么生活在池塘里，要么生活在水流速度较快的小溪里。研究人员从这两种截然不同的栖息地选取了一些实验鱼，并训练它们穿过鱼缸里一连串狭窄的门道去寻找奖励。一开始，"溪流居民"的表现比它们的"静水表亲"要好，但是当在每个孔洞旁边都放置一株小植物时，结果完全相反：现在"池塘居民"表现得更好。

生活在水流速度较快的水里的鱼似乎很少注意到像植物这样的非永久性物体，因为它们很快就会被冲走，不能用作地标。然而，池塘里的鱼却能指望大多数东西都保持原地不动，所以它们学会了更密切地关注这些物体。

包括鳗鱼和鲨鱼在内的几个不同种类的鱼对电场非常敏感，并使用电荷作为地标。例如，弱电鱼拥有一种特化的器官，能够探测到延伸至周围水域的电场的变化。这是一种夜行性动物，生活在非洲的湖泊底部，而且就像印度攀鲈一样，它们可以学习使用该技术在标记有地标的障碍物上找孔洞。但是有一个很大的不同之处，即这一活动是在完全黑暗的环境中进行的。

甚至昆虫有时也会利用电荷信息来定位事物。

当你从包裹上剥下塑料包装时，它常常会附着在你手上并拒绝离开。当你触碰编织物时，尤其是当你从人造纤维地毯上走过时，也可能会感受到轻微的电击。这些奇怪的效应是由静电电荷的积聚而引起的，而且奇怪的是，它们在蜜蜂为花卉授粉这一至关重要的生态过程中发挥了重要作用。

熊蜂可以探测到花朵周围的静电场，甚至可以根据它们所产生的不同电场模式来区分花朵。花朵周围的电场会偏转熊蜂体表的感觉毛，使其接收到这些微弱的电信号。熊蜂会利用这些电荷信息来区分哪些花能提供大量花蜜，而哪些花则没有那么慷慨。

北美星鸦

鸟类可以飞行很长的距离，所以它们面临的导航挑战要求特别高，而且它们确实有很好的视力，以及各种其他的导航工具。就像我们有时会使用GPS，有时会使用地图来找路一样，鸟类也会根据实际情况在这些导航工具之间来回切换。

事实证明，要弄清楚鸟类使用的不同机制所发挥的作用极其困难，而且还有很多不确定因素。这个例子反映了一个影响行为科学所有分支的更广泛的问题。对复杂动物的实验结果的解释很少是直截了当的。以人类的智力测试为例，如果一个幼童成绩很差，这是否必然意味着他不是很聪明？也许他当时很焦虑、心烦意乱，甚至感到无聊——抑或是这个测试设计得很糟糕。

尽管存在这些问题，但很明显，视觉识别是鸟类使用的导航工具包中的关键部分。尤其有一种鸟，堪称使用地标的"奇才"。

北美星鸦是非常聪明的鸦科家族中的一员，生活在北美洲西部的高山地区。最早描述它的人是威廉·克拉克（William Clark）——梅里韦瑟·刘易斯（Meriwether Lewis）的搭档，他们在19世纪初共同领导了从圣路易斯往返太平洋海岸的传奇的陆上探险远征，并绘制了沿途的地图。

北美星鸦在夏天的几个月里必须像松鼠一样储藏好松子，因为只有这样它才能在山区漫长又寒冷的冬季生存下来。它一点儿也不蠢，不会把所有松子都放在同一个地方：那太冒险了，因为其他动物（包括其他北美星鸦）逮着机会就会将松子偷走。当然，如果这只鸟找不到自己的藏匿点，它自己也会挨饿。

但是北美星鸦的食物藏匿行动的规模和复杂性极为惊人。它一次只能在散布于约260平方千米的土地上的某些地点藏几颗松子。有的松子可能会被埋在迎风的山坡上，有的会被埋在茂密的森林里，还有的会被埋在荒芜的山顶。一只北美星鸦可以在多达6000个不同的藏匿点埋藏超过3万颗松子。这种鸟需要在持续数月的时间里记住这些位置。它们的记忆力虽然不完美，但令人印象深刻，而且绝对足以让它们在恶劣的环境中生存下来。

北美星鸦的藏匿行为例证了一条重要的、与导航相关的普遍原则，即进化偏爱的是那些"足够好"而非完美的机制。大自然"选择"了那些能使生物体活得足够长以繁殖的特征。如果一个较简单的机制就能令人满意地满足这个基本要求，那么获取更复杂的机制就没有意义了，特别是当这样做的代价是拥有一个更大的大脑时。大脑是非常贪婪的能量消耗器官，这意味着需要更多食物来维持它的运转。拥有一个比你真正需要的尺寸更大的大脑是得不偿失的。

你可能会好奇气味是不是在北美星鸦令人惊诧的行为中发挥了一定作用，但事实似乎并非如此。相反，这种鸟会注意到每个藏匿点周围的小型地标，并且能够记住它们之间的几何关系。在野外，这些地标可能是石头或灌木丛，不过在实验室里进行测试时，这些鸟很乐意利用人造物品。当研究人员悄悄移动地标，同时保留它们形成的图案模式时，这些鸟通常会在它们移动后的新位置展开搜索。

但是这种鸟的寻宝系统似乎不止这些。最近的研究表明，鸟类更加依赖更大、更远的地标，因为这样的地标更容易从远处看到，而且（得益于它们的尺寸）也较少受到风和天气状况的影响。

目前还不清楚这些鸟在野外会注意到什么标记，但它们很可能会留意每个藏匿点周围环境中的突出特征，例如，树木或大石头，也可能会记下该地点的全景"快照"。因此，查找藏匿点的过程可能分为两个阶段。首先，这种鸟通过某种涉及大型景观元素的图像匹配过程来识别附近区域，然后它会锁定距离目标更近的较小物体，以帮助自己确定藏匿点的准确位置。

数千年来，人们一直利用鸽子非凡的归巢能力来快速传递信息，而且常常是远距离传送。军队至少从古罗马时代起就开始使用鸽子，仅在"二战"期间，各参战方就部署了数十万只鸽子。其中一些鸽子甚至因为在战火中忠实地传递信息而被授予英勇勋章。

传说罗斯柴尔德银行在1815年大赚了一笔，因为他们通过信鸽邮政提前于市场收到了滑铁卢战役的结果。这是一个很好的故事，尽管它显然毫无根据。不过，罗斯柴尔德家族确实开发并建立了一套使用鸽子的通信系统，一直运营到19世纪40年代。几年后，首批电报系统就投入使用了。

1870—1871年，普鲁士军队围攻巴黎时，鸽子得到了广泛使用。人们用热气球将鸽子带离这座城市，而当它们安全地离开敌人的包围圈时，热气球就会降落。接下来，这些鸽子会被喂食并休息，然后它们依靠自己的力量返回，为被围困的民众送去缩微影像信息。

因为鸽子很容易饲养，而且几乎随时都做好了长途飞行的准备（不同于大多数鸟类），所以它们长期以来一直被用来验证关于鸟类如何找到路的不同理论。近年来，电子追踪设备让研究人员能够非常详细地研究它们的归巢行为。不足为奇的是，鸽子发现地标非常有帮助，尽管它们也能遵循学来的"罗盘"路线。

年轻的信鸽会花很多时间来探索鸽舍周围的环境，在这一过程中，它们了解了当地景观的布局，通常是在相当广阔的区域内。如果它们发现自己身处某个从未去过的地区，那么以这种方式获得的"调查"信息对它们来说毫无用处，但是一旦它们回到熟悉的地域，它们就会锁定那些醒目的景观特征，如公路、铁路和河流，以帮助它们找到回家的路。在旅程的最后阶段，鸽子所遵循的路线已成为习惯，而且通常不是最直接的。但是我们不应该有优越感：它们的行为就像成千上万的人类通勤者一样，作为被习惯支配的生物，我们也常常做完全一样的事。

当鸽子飞过的风景发生些许变化时，它们似乎更容易学会走一条新的路线，尽管变化不是太大。正如该研究的主要发起者理查德·曼（Richard Mann）所说：

> 通过观察它们记住不同路线的速度，我们发现视觉地标起着关键作用。当风景过于平淡（如一片田野）或者过于繁忙（如森林或密集市区）时，鸽子会更难记住路线。最佳地点是介于这两者之间；相对开阔的区域，点缀着树篱、树木或建筑物。城乡接合部也很好。

和大众普遍认为的相反，蝙蝠并不是瞎子，而且很多蝙蝠拥有非常好的视力。一些迁徙性物种会旅行数千千米，因此辨认遥远地标的能力显然对它们来说至关重要。

几年前，以色列科学家将携带有GPS追踪器的果蝠从它们的洞穴带到约84千米外的一个位于沙漠中的火山口。一些蝙蝠被放飞在火山口底部，另一些则被放飞在火山口边缘的上空。虽然这个火山口的位置对它们而言都是陌生的，但大多数蝙蝠仍然设法找到了回家的路。

这两组蝙蝠在归巢这件事上取得了同样的成功，但它们在旅途开始时的表现截然不同。那些被放飞在火山口底部的蝙蝠一开始由于看不到周围的景观，很快就迷失了方向，先盘旋了一阵才向巢穴飞去，而另一些被放飞在火山口边缘上空的蝙蝠则直奔巢穴而去。这些蝙蝠似乎利用了大比例尺地标，例如远方的山脉，并通过参照它们来确定自己的位置，就像拿着地图和指南针的徒步旅行者一样。

⊚ ⊚ ⊚

在秋天，小小的黑顶白颊林莺（blackpoll warbler）从北美东北部向南迁徙，一路飞到加勒比海地区，有时甚至远至哥伦比亚和委内瑞拉。尽管船上的目击报告表明，这些候鸟会沿着一条将它们带到大西洋上空的路线飞行，但在很长一段时间里，人们都不清楚它们会在海上飞行多长时间。但是这个谜团现在已经揭晓。利用极小的追踪装置，科学家们最近揭示了它们可以从长岛不间歇地飞到伊斯帕尼奥拉岛或波多黎各——在开阔的大洋上飞行2770千米。

即使在为迁徙而做增肥准备期间，黑顶白颊林莺的体重通常也只有17克左右（大约相当于50片标准阿司匹林药片的重量）。虽然体重仅3~4克的红喉北蜂鸟（ruby-throated hummingbird）被认为在其非凡的迁徙之旅中飞越了墨西哥湾，但这段距离只有850千米。正如这项研究的发起者所言，黑顶白颊林莺不间断地跨洋飞行之旅是"地球上最非凡的迁徙壮举之一"。

4　沙漠中的战争和蚂蚁

离开新斯科舍省哈利法克斯数天后，在距离陆地数百千米的一个地方，我正坐在一艘开往英国的游艇的舵柄旁，突然一只棕色的小鸟不知从哪里冒了出来，摇摇晃晃地落在我旁边的护栏上。它太累了，以至于当我靠近它时，它都没有试图飞走。与毫不费力地掠过游艇的管鼻鹱（fulmar）不同，这只可怜的小鸟显然不熟悉海洋，但它拒绝了我们提供给它的食物和水，最终它绝望地拍打着翅膀飞走了。这很可能是一只被大风吹离了航线的黑顶白颊林莺，又或许它犯了一个灾难性的导航错误，出发时就走错了方向。

对任何导航者而言，无论是人类还是非人类，第一个挑战就是确保自己在朝着正确的方向前进。这个过程被称作"定向"（orientation）。视觉地标通常会提供必要的线索，但如果你身处某个陌生的地方，或者在没有任何地标的开阔海面上，你将需要某种罗盘。

太阳并不总是随时可见，但它可靠地从东方升起，在西方落下，而当它抵达天空的最高点时（正午），它总是在你的正北或正南方向——除非在热带地区，它有时会在你的头顶正上方。*所以至少从理论上来说，太阳可以帮助你搞清楚你朝向何方。

但是使用太阳作为指南针并不简单。当地球绕地轴自转时，太阳会在天空中划出一道弧线，它在地平线上升起和落下的点以及它所遵循的路径的高度取决于一年当中的时间和你所在的纬度。例如，在热带地区，太阳在早上几乎垂直升起，午后同样近乎垂直落下。相比之下，在中纬度地区，

---

*　在热带地区，每年有两天，太阳在正午直射头顶，但这种情况通常发生在你的北边或南边。

太阳在天空中所走的路径更长且更低。*在极地，太阳会持续数月停留在地平线之上（"午夜太阳"）或者之下。

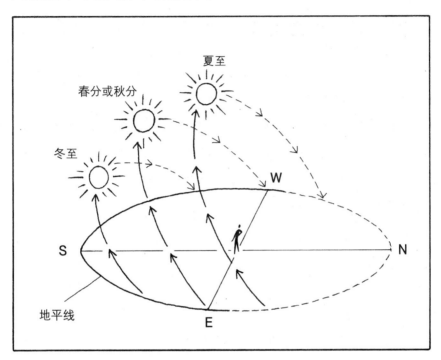

北半球中纬度地区白天太阳的典型路径 †

太阳在天空中的运动由其不断变化的方位角（azimuth）来确定：这是真北与地平线上位于其正下方的点之间的夹角。†

假设你身处9月的英格兰，而且像燕子一样，想往南去，如果你根据太阳调整自己的路线，会发生什么呢？黎明时分出发，让太阳在你的左边（方位角为90°），你会朝着正确的大方向前进。但是随着时间的推移，太阳的方位角逐渐改变，你的路线会向右弯曲。到正午时，太阳在正南方（方位角为180°），你会向西移动；而到了傍晚，当它在西边落下时，你会发现

---

*　在极地地区，它在一年当中的一部分时间里根本不上升也不下降，要么持续高于地平线（盛夏），要么持续低于地平线（深冬）。

†　本书中所有插图均为原版书插图。

自己在向北行进。实际上，你可能会走出一条大致呈U形的路线，这不是一个令人满意的结果。

只有考虑到太阳不断变化的方位角，你才有望沿着稳定的路线前进。但如何做到这一点呢？

答案是一种名为时间补偿太阳罗盘的东西，你可能会惊讶地发现，这种设备曾经竟然影响了第二次世界大战的进程。

1940年法国沦陷后，埃及境内的英国军队面临着被驻扎在埃及西边（利比亚）的一支规模较大的意大利军队碾压的严重威胁。当时，对英国来说，埃及和整个中东似乎有很大可能会丢失。没有了苏伊士运河和伊拉克的油田，英国很可能会战败，那样的话，轴心国就所向披靡了。如果发生了这种事，整个世界如今将完全不同。

在非常偶然的情况下，一个名叫拉尔夫·巴格诺尔德（Ralph Bagnold，1896—1990）的杰出人物恰好在这个关键时刻抵达了开罗。作为一名优秀的领航员，他曾在20世纪二三十年代驾驶简易的福特汽车探索了当时尚未被测绘的撒哈拉沙漠东部腹地。尽管巴格诺尔德只是一名少校，但他大胆地忽略"常规渠道"，找到了一种直接向新任总司令阿奇博尔德·韦维尔将军（General Sir Archibald Wavell）发送备忘录的方法。

他建议成立由经过专门训练的志愿者组成的巡逻队，这些人可以乘坐"适于沙漠的车辆"深入敌后，进行情报收集并实施打了就跑的游击战术。韦维尔立刻召见了他，并被巴格诺尔德的话深深打动。在韦维尔将军的全力支持下，巴格诺尔德很快就找到了需要的人手，并成立了后来广为人知的"远程沙漠作战部队"（Long Range Desert Group，简称LRDG）。

不久后，当意大利人开始沿着地中海海岸向东挺进时，第一批远程沙漠作战巡逻队正秘密地向西行进，穿越往南500千米处的沙漠地带。他们发动的一系列突袭取得了重大成效：意大利人是如此惊慌失措，以至于他们的行军进程延迟了数月。这次拖延行动给了英国增援的时间，使他们在不久之后能够击退意大利军队。远程沙漠作战部队继续在后来的沙漠战役中发挥重要作用，但在战争结束时被解散，也许正因如此，它的杰出成就不如大约在同一时期成立的英国特种空勤团（Special Air Service，简称S.A.S.）那么有名。

精确的沙漠导航是远程沙漠作战部队的行动得以成功的关键。巡逻队依靠它才能在沙漠深处极具考验性的严酷环境中生存下来。但是存在一个问题：磁罗盘对他们来说，用处不大。它们不仅对崎岖的路况反应不佳，而且也不可靠，因为卡车的钢架会产生很大的误差。事实上，只有在和车辆保持一段距离的情况下才能指望磁罗盘起作用。由于巡逻队必须快速行进，不能经常停下来，所以他们迫切需要别的东西来让他们始终朝着正确的方向前进，而且这种东西在颠簸起伏的卡车上也能良好运行。

答案就是巴格诺尔德在其于和平年代进行的沙漠旅行中发明的简易式的时间补偿太阳罗盘。它包括一个可调节的圆形表盘，其边缘刻有以度为单位的标记，并且有一根垂直的指针可以在表盘上投下影子。一系列卡片（每一张代表3°）显示了一天中每隔一段时间太阳的方位角。

这种设备被用来校准罗盘，尽管它们在夏天的正午时分无法使用，因为太阳投射的影子太短，无法触及表盘边缘的刻度。这为远程沙漠作战部队的士兵们提供了一个颇受欢迎的借口，使他们可以停下来躲避几乎垂直的阳光。在夜晚，导航员可以通过观察星星来确认自己的位置。

巴格诺尔德在他战前的探险记录中生动地描述了他们在沙漠中使用太阳罗盘导航的情形：

> 我们唯一的想法就是保持清醒，并将太阳投射到罗盘上的狭窄阴影保持在标记既定方向的箭头上，因为我知道那片小绿洲很难找，所以急于马上找到。相比之下，这就像是从纽卡斯尔出发，用罗盘判定方位，并试图在一片模糊的岩石洼地里找到一座小花园，而这片洼地的大小和伦敦差不多，距离也一样（大约450千米）……
>
> 我已经设定好了路线，以便从西南方向靠近这片绿洲……但

现在一切都是陌生的；没有一件事与记忆中的做法相符。我们标
绘的位置表明（绿洲）就位于东北方向8~10英里*的某地，但是
走了这么长时间，我们很可能产生了数英里的误差……在半明半
暗的次日清晨，我们只能隐约看到附近山丘的轮廓。东北风轻轻
吹来，我清晰地感觉到了骆驼的存在……（因此，我决定）朝这
股风的方向驶去，尽管四周的景象看起来很陌生。走了数英里后，
我在正前方看到了绿洲的边缘。

由于其他动物没有巴格诺尔德用来校准太阳罗盘的导航表，所以你或
许会认为它们不可能靠太阳来掌控方向。但是你永远不要低估自然选择的
力量，尤其是那些已经存在了数亿年的生物。

动物可能会使用太阳罗盘的最早迹象出现在英国贵族、博学家约
翰·卢伯克爵士（Sir John Lubbock，1834—1913）的作品中。尽管卢伯克
的个性与近乎同时代的法布尔截然不同，但他依然是昆虫导航奇观的先驱
研究者。作为银行家、政治家、考古学家、人类学家兼生物学家，卢伯克
是查尔斯·达尔文的密友、邻居和忠实门徒。虽然现在几乎被人遗忘，但
他在那个时代是著名的公众人物。

卢伯克特别喜爱蚂蚁，并在他的乡间宅第里养了很多蚂蚁，和法布尔
一样，他在那里探索了蚂蚁的导航能力，不过是以一种更正式的方式。幸
运的周末访客可以参观他心爱的玻璃隔断内的蚁群。

卢伯克想查明庭院里的黑色蚂蚁是如何找到回巢的路的。他首先证实
的是，与法布尔的红蚂蚁不同，庭院里的黑色蚂蚁可以追踪气味线索，但
随后他注意到一件奇怪的事，即在研究过程中，他用来照明的蜡烛似乎影
响了它们的行为。困惑不解的他展开了进一步的实验，并最终得出结论，
这些蚂蚁的定向"在很大程度上受到了光照方向的影响"。卢伯克过于谨
慎，没有提出更大胆的论断，但是正如后来的研究所揭示的那样，这些蜡

---

* 1英里约等于1609.34米。

烛显然充当了太阳的角色。这一非凡的发现于1882年发表。

突尼斯的瑞士内科医生

到20世纪初，许多科学家都在研究蚂蚁的导航能力。在这些人中，最引人注目的或许是那位来自瑞士洛桑的名叫菲利克斯·桑茨奇（Felix Santschi，1872—1940）的古怪的内科医师。1901年，29岁的他来到突尼斯，定居在凯鲁万（Kairouan）的古城区。在这处偏远的要塞——所谓的"马格里布的麦加"，直到去世前不久，他一直在为当地人服务。

19世纪90年代，作为一名年轻学生，桑茨奇曾随一支大型科学考察队前往南美洲，并在那里对蚂蚁产生了浓厚的兴趣。后来他生活在撒哈拉沙漠的边缘，能够利用业余时间来观察和收集生活在干旱的乡村地区的许多不同物种。不久之后，桑茨奇开始发表有关蚂蚁导航的科学论文。他的发现是开创性的，但由于它们被发表在不知名的瑞士期刊上，所以在当时基本上没有引起人们的注意。

桑茨奇是一位天才般的实验主义者，和他那个时代的许多顶尖科学家不同，他的理论是在对动物在自然栖息地的实际行为进行密切观察的基础上发展起来的，而不是基于它们应该做什么的假设而展开的实验室实验。

尽管卢伯克发现了光的重要性，但关于蚂蚁导航的争论仍然主要局限于气味痕迹可能发挥的作用。然而，桑茨奇从他的田野调查中发现，他感兴趣的沙漠蚂蚁在归巢时，并不会沿着它们出发时所走的那条蜿蜒迂回的路线。实际上，它们返回时的路线多多少少有些直，甚至可以说是一条"捷径"。无论如何，极端的高温意味着任何气味踪迹所依赖的挥发性化学物质都会很快蒸发，导致无法发挥任何作用。

很难解释这种非同寻常的行为。同样生活在北非的法国土木工程师维克多·科尔内茨（Victor Cornetz, 1864—1936）是研究沙漠蚂蚁的同人之一，对此感到困惑。他只提出这些蚂蚁依赖某种"绝对的内部方向感"，但他不知道这种神秘的机制实际上是如何发挥作用的。桑茨奇对这样的解释并不满意，于是他提出了一个大胆的猜想。

这些蚂蚁会把太阳当作指南针吗？

桑茨奇想出了一个简单而巧妙的方法来验证这个新想法。他搭建了一个遮挡太阳的屏障，以便蚂蚁不受阳光照射，然后用一面镜子从反方向呈现蚂蚁的反射影像。在大多数情况下，蚂蚁的前进方向不出所料地进行了180度的转变。

无论桑茨奇是否知道卢伯克早期的研究，他都值得被称赞，因为他是第一个证明太阳罗盘在动物的导航工具包中发挥作用的人。他并没有止步于此。桑茨奇后来证明，蚂蚁可以在太阳落山后的黄昏成功导航，而且在白天，当一个圆柱形纸板（他一直将其举在移动的蚂蚁上方）让它们只能看到一小片空荡荡的圆形天空时，它们也能做到。

桑茨奇推断，蚂蚁不需要看到太阳实际的圆形轮廓就可以保持稳定的前进方向。他发现这些结果很难解释，但他推测蚂蚁可能利用了光照强度的梯度，或者其他某些天文线索——他甚至怀疑它们是否能在白天以某种方式看到由星星组成的图案。

桑茨奇的发现在他死后才得到应有的认可，那时人们在蜜蜂身上也观察到了类似的行为。

◎ ◎ ◎

人们最早使用卫星技术追踪的鸟类是漂泊信天翁（wandering albatross）。这种巨型鸟的体重可达12千克，几个世纪以来，它们一直令水手们惊叹不已，因为它们几乎不需要拍打巨大的翅膀，就能在海上毫不费力地滑行和翔翔。很明显，从它们可以连续数天甚至数周跟随船只的事实来看，它们有长途旅行的能力。

但是，直到1989年，人们才清楚地了解到它们旅行的真正规模。这一年，在南印度洋上偏远的克罗泽群岛工作的两位法国科学家皮埃尔·朱文顿（Pierre Jouventin）和亨利·魏默斯克奇（Henri Weimerskirch）在繁殖季成功为六只雄鸟安装了卫星跟踪设备。

这些安装了180克重的信号传送器的信天翁被送回了巢穴，在那里耐心地等待，直到配偶来接替它们。此时，它们便会出海寻找食物。追踪设备揭示的信息令人啧啧称奇，远远超出了人们之前的估计。

其中一只信天翁在33天里飞行了15000多千米，另一只信天翁在27天里飞行了10427千米，还有一只信天翁在一天之内飞了936千米。它们的平均时速高达58千米，有一次最高时速达到了81千米。这些雄壮的信天翁展开双翅（可达3米宽），乘着南大洋的暴风，可以毫不费力地环游整个南极大陆。

信天翁白天飞得比夜晚远得多，只是偶尔停下来，大概是为了进食；但是它们在天黑后也会继续行进，只是速度慢得多。看起来它们在白天航行时更自如，这很可能意味着它们至少部分依赖太阳作为导航。

5　跳舞的蜜蜂

与康拉德·劳伦兹（Konrad Lorenz, 1903—1989）和尼科·廷贝亨一样，卡尔·冯·弗里希（Karl von Frisch, 1886—1982）也是动物行为学（对野外动物行为的科学研究）的奠基人之一。1973年，这个不知疲倦的三人组的杰出成就得到认可，而这三人也因此获得了诺贝尔生理学或医学奖。在这些成就中，也许最令人印象深刻的，当然也是最著名的一项成果——蜜蜂舞蹈语言的发现，但这是一个耗时多年的过程。

蜜蜂在蜂箱周围探索，寻找整个蜂箱赖以为生的花蜜和花粉，而它们的觅食活动可能会让它们踏上一段长达20千米的旅程。在研究蜜蜂如何区分不同的花时，冯·弗里希训练它们去造访装有糖溶液的喂食盘，而这种糖溶液酷似为它们的长途飞行提供所需能量的花蜜。

然后，冯·弗里希观察到一种有趣的现象。他注意到这些蜜蜂会时不时返回空了的喂食盘，仿佛在检查里面是否补充了新的食物，而当他真的在其中加满糖溶液时，在短到令人费解的一段时间内，大量蜜蜂出现在了喂食盘前，仿佛它们通过某种方式知道他做了些什么。

1919年，冯·弗里希借到一个特殊的蜂箱，让他可以透过一块玻璃面板（蜂箱的垂直面）观察蜜蜂在里面做什么。他训练几只蜜蜂到附近的一个喂食盘进食，并用红色颜料在它们身上做了记号。在这几只蜜蜂将糖溶液吃完后，他再次将盘子装满。很快，一只身上有标记且受过训练的蜜蜂飞到盘子前，然后又返回了蜂箱。

在观察这只蜜蜂的行为时，冯·弗里希简直不敢相信自己的眼睛：它是"如此令人愉悦和吸引人"。这只蜜蜂在蜂巢表面急匆匆地转来转去，摇晃着它的腹部，而其他蜜蜂则兴奋地将头转向它，并用自己的触角去触碰它的腹部。如果这群蜜蜂里有一只身上带标记的蜜蜂，它就会立即前往喂食盘那里，但很快，很多身上没有标记的蜜蜂也开始飞往那里。

一开始，冯·弗里希怀疑这些"募蜂"是在跟随"侦察蜂"前往食物供应点，但是他未能找到任何证据来支持这一理论。然后，就像之前的法布尔和卢伯克一样，他的思考重点转向了气味。于是接下来，他训练蜜蜂从表面带有浓郁香味（例如被薄荷油或佛手柑油浸泡过）的盘子里进食，这些香味肯定会附着在它们的脚和身体上。

"募蜂"对标记有这些气味的食物站表现出了强烈的偏好。后来，冯·弗里希在温室里进行了类似的实验，使用的是真正的花而不是装有糖溶液的盘子，得到了相同的结果。他的结论是，对蜂箱里的蜜蜂而言，蜜蜂的舞蹈同时提醒了食物的存在和品质。他不无道理地认为，募蜂只需通过搜寻它们在舞蹈蜂身上察觉到的气味的来源，就能找到新的食物供应点。

蜜蜂之间可以相互交流，这是一项开创性的发现。尽管很多科学家难以相信昆虫会如此复杂，但冯·弗里希的工作特性，以及他用来宣传这项工作的精彩演讲、书籍和影片，让他在1939年"二战"爆发时成为闻名世界的人物。但是他的名声并没有使他免受纳粹政权不怀好意的关注。当有人透露冯·弗里希的曾祖父母在19世纪初是皈依基督教的犹太人时，他违反了纳粹的反犹法令，差点因此丢掉了其在慕尼黑大学的教授职位。他之所以能保住自己的工作，是因为他承诺会设法增加蜂蜜产量，以支持战争。

世事艰难，到1944年时，盟军的轰炸袭击已经到达慕尼黑，冯·弗里希的房子和书房被炸毁，他最近才建好的实验室也没能幸免。但他很幸运，能够与家人和自己的一些学生在布伦温克尔（Brunnwinkl）避难，那里是他位于奥地利阿尔卑斯山脚下的美丽的湖畔乡村庄园，距离萨尔茨堡不远。在1944年6月的诺曼底登陆以及随后在法国北部展开的激烈战斗的紧张背景下，冯·弗里希和他的同事们开始了一系列重要的观察，这些观察迫使他改变并极其详细地阐述了自己关于蜜蜂舞蹈意义的最初理论。

1944年8月的天气很适合研究蜜蜂，当时冯·弗里希的一个同事正在进行一项实验，旨在通过引导蜜蜂去更远的地方寻找更好的花蜜来源，从而促进它们生产出更多蜂蜜。冯·弗里希建议，她应该先让蜜蜂习惯造访一个设置在蜂箱附近的带有香味的喂食盘，然后再将盘子转移到更远的新地点。

根据他长期坚持的理论，这些蜜蜂只需通过寻找它们已经学会识别的气味来源，就能找到喂食盘的新地点。但结果让他大吃一惊：当盘子被移走后，蜜蜂没有再出现，而他的同事只能无聊地摆弄着自己的手指。

在那个夏天，冯·弗里希训练蜜蜂到有香味的食物供应点进食，其中一些供应点和蜂箱离得很近，而另一些远至300米之外。他发现，当侦察蜂被训练去遥远的食物供应点进食时，它们的"募蜂"常常会直接飞去那里——忽略较近的供应点，即使这些供应点有相同的气味。这很奇怪。与冯·弗里希最初的理论相反，这些"募蜂"似乎不仅仅是在寻找任何闻起来合适的食物来源：它们积极地寻找遥远的食物供应点，绕过了那些距离蜂巢更近的供应点。冯·弗里希在他的笔记本上简明扼要地评论道，这些蜜蜂似乎能够进行某种"远距离交流"。

当冯·弗里希排除了蜜蜂追踪空气中气味的可能性后，很明显，蜜蜂确实对距离信息做出了反应。此外，它们似乎也表现出了方向性偏好。难道侦察蜂的舞蹈不仅传达了关于食物来源品质的信息，还传达了该地相对于蜂箱的方位和距离？

战后，冯·弗里希试图解决这些令人着迷的问题。他使用一种能让他识别大量个体侦察蜂的颜料标记代码，证明了侦察蜂跳舞时的尾摆频率的确与它们刚刚造访的食物来源的距离密切相关。

1945年夏天，他观察到了更令人惊讶的现象。午后从某个特定食物供应点返回的蜜蜂在蜂巢表面表演摇摆舞的直线部分时，头是朝下的，但是它们的朝向会在一天当中逐渐改变——与太阳方位的变化一致。

冯·弗里希接下来探索了舞蹈的方向与喂食站位置之间的关系，这些喂食站被他设置在蜂箱四周的基本方位上：北方、南方、西方和东方。结果令人震惊。舞蹈方向始终如一地反映了食物供应点的方位与太阳的位置之间的关系。冯·弗里希如此总结他的发现："径直地向上舞动，意味着你必须朝太阳的方向飞行，才能抵达食物来源地。头朝下的摇摆舞则意味着通往食物来源地的路径恰好背离太阳的方向。"*

这不仅清晰证明了昆虫拥有一种天文导航能力，而且更值得注意的是，还证明了侦察蜂拥有可以将食物供应点的位置信息传达给巢穴中同伴的能力。

冯·弗里希随后将蜂箱放在一个专门建造的小屋里，这样他就可以有条理地操控蜜蜂在跳摇摆舞时可用的视觉信息了。他发现，当小屋里没有阳光时（此时为了方便观察者，小屋内使用的是蜜蜂识别不到的红光照明），它们完全迷失了方向。但是如果他打开手电筒，蜜蜂就会立刻用舞蹈指明方向，仿佛它是真正的太阳一样——就像卢伯克的蚂蚁一样。另外，通过四处移动手电筒，冯·弗里希可以让蜜蜂朝他选择的任何方向跳舞。

冯·弗里希随后注意到，有时蜜蜂在只能看到一小片天空的情况下，也可以正确地调整它们的舞蹈方向。因此，他在屋顶安装了一个烟囱，将蜜蜂看向天空的视野限制在一个狭窄的圆内，并且圆内看不到太阳，这与桑茨奇早前对沙漠蚂蚁所做的实验相呼应（当时冯·弗里希还不知道这些实验）。只要天空是晴朗的，蜜蜂就能正确地跳舞，但是当云层穿过这个光圈时，它们就会再次迷失方向。接下来，他尝试通过烟囱孔向蜜蜂展示天空的反射影像，结果发现它们跳舞的方向也反了过来。

当冯·弗里希和他的物理学家同事们讨论这些令人费解的发现时，他们提出了一种可能的解释。他们认为蜜蜂可能对阳光的偏振敏感。

人们很早就知道，太阳发出的光是由相互垂直振动的电波和磁波构成的。当阳光穿过空旷的太空时，这些波的每一个可能的方向都会出现在阳光中，但是当阳光穿过地球大气层时，它的一些成分就会被过滤掉。这个过程被称为"偏振"（polarisation），它导致了天空中特征模式的出现，这在

---

* 蜜蜂必须能够判断哪边是"上"，才能理解"舞蹈"；在黑暗的巢穴中，只有通过感觉重力向下的拉力，才有可能做到这一点。

技术上称为"电矢量"（electric-vectors）。我们用肉眼看不到这些模式，但是在偏振滤光片的帮助下，我们可以大致了解它们在那些能够看到它们的动物眼中是什么样子。

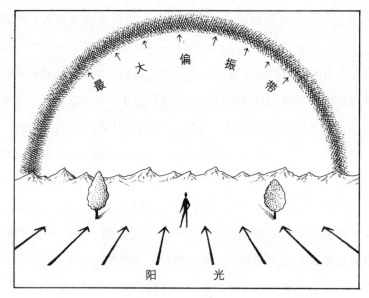

当太阳在你背后时，无云天空中偏振最强的带状区域

　　试着在一个万里无云的早晨，戴上偏光太阳镜，背对太阳站立。如果你抬头仰望头顶的天空，你应该能看到一根深蓝色条带从左边的地平线延伸到右边的地平线。然后，如果你向左或向右缓慢地将身体转动90度，则会看到深色条带逐渐变亮。这根深色条带标记出了最大的偏振区域，而它在天空中的方向由太阳的方位角决定。

　　冯·弗里希意识到，如果蜜蜂可以看到这些模式，它们就不需要观察太阳本身了，因为它们仅凭电矢量就能确定太阳的方位。冯·弗里希借助他在美国巡回演讲时从宝丽来相机的发明者埃德温·兰德（Edwin Land）那里得到的偏振片，很快就证明了这一点。

蜜蜂时钟

蜜蜂可以感知到天空中的偏振模式，而且可以在看不见太阳的情况下通过这些偏振模式来寻找方向，该发现是一项重大突破，但是仅仅知道太阳的方位并不能让动物保持直线运动——或者至少不能保持很长时间。它们必须以某种方式补偿太阳在天空中的不断移动，而这意味着需要追踪时间。难道在所有其他惊人的天赋之外，蜜蜂还有一个内部时钟？

有一条线索于1929年出现，但其重要性并未立即得到重视。后来冯·弗里希的学生英格·贝林（Inge Beling）发现，如果连续几天在同一时间为蜜蜂喂食，那么在接下来的几天里，它们会准时地出现在喂食盘旁。后来的实验表明，这种非同寻常的行为并不取决于任何外部线索的可用性（例如太阳不断变化的方位）。当时，冯·弗里希想知道，这种机制是"大自然给予的无意义的恩赐"，还是具有某种生物学意义。直到20世纪50年代初，冯·弗里希才对这个问题给出明确的答复。

在门生马丁·林道尔（Martin Lindauer，1918—2008）的协助下，冯·弗里希训练一些蜜蜂在午后时分（也就是太阳移动到西边的时候）访问位于其蜂箱西北方约180米远的一个食物供应点。第二天，他们将蜂箱转移到这些蜜蜂从未去过的新地点（这样它们就无法利用熟悉的地标作为指引了）。

然后，他们在蜂箱四周距离其约180米远的多个地点（散布于不同的方位上）放置了许多喂食盘。因为是上午，所以太阳位于天空的东边。尽管如此，大多数蜜蜂还是直奔位于蜂巢西北方向的喂食盘，这是它们前一天被训练前往的地方。唯一可能的解释是，它们考虑到了太阳不断变化的方位。显而易见，这种能力取决于蜜蜂追踪时间流逝的能力。

另一个令人惊讶的线索也证实了蜜蜂拥有时间补偿太阳罗盘。当蜜蜂准备倾巢出动时，它们会先派侦察蜂去选择最佳的新巢位置。而当这些侦察蜂返回蜂巢时，它们会表演可能持续数小时的舞蹈，以指示它们喜欢的地点的方位。之后，其他蜜蜂会离巢去考察该地点，最终当它们达成共识后，蜂群就会前往那个通过民主程序选出的新家。在这场马拉松式的舞蹈过程中，侦察蜂摇摆舞的方向会随着太阳方位的变化而变化。如果它们能看到太阳或者天空，那么这一现象就不会特别令人难忘了，但即使是在黑暗房间里的蜂箱里，它们也会随之调整舞蹈的方向。

冯·弗里希关于蜜蜂导航技能的发现引起了轰动，因为这些发现似乎暗示昆虫（尽管它们体形很小）有很强的适应能力，甚至可以说智慧。对同时代的许多科学家而言，这类想法是非常难以接受的。他们认为，这是一个原则问题，因为像蜜蜂这样的动物根本不可能有那么复杂。

但是还有一个问题，和廷贝亨一样，冯·弗里希的大部分实验都是在室外的自然环境中进行的，无法像在室内实验室里那样进行精确的控制。那些身穿白大褂的人似乎很难认真对待一个穿着吊带花饰皮裤（lederhosen）*穿行在阿尔卑斯山草甸上的人所提出的主张。也许他们的怀疑中夹杂着嫉妒。

然而，冯·弗里希的研究是如此严谨和精确，为其赢得了大部分怀疑者的支持。当时英国著名的动物行为学家威廉·索普（William Thorpe，1902—1986）——他曾在战后不久拜访了冯·弗里希——在科学期刊《自然》中评论道："如果某位动物学家一开始感到怀疑，他确实可以被原谅，尽管冯·弗里希的这项研究是如此详细和全面。"

索普提到一位同事，此人几乎"极其不情愿"接受冯·弗里希的发现，他承认，这些发现的影响"肯定是革命性的"。索普本人对此深信不疑，并满腔热情地得出结论，说工蜂的行为相当于"一种基本的制图和识图形式，是一种象征性的活动，其中重力的方向和作用是太阳光线的方向和入射角的象征"。

虽然冯·弗里希对摇摆舞的修正解释逐渐获得支持，而且还吸引了其

---

* 尤指巴伐利亚等地人们穿的吊带花饰皮裤。

他领域的人们的兴趣，但并不是所有人都相信他的观点。1967年，即在冯·弗里希的职业生涯接近尾声时，质疑之声以一种特别令人震惊的形式再次出现，当时美国有两名年轻的研究人员发表了他们关于蜜蜂的新实验结果，这些结果充满密集的统计数据，直接挑战了他的关键发现。令这位年迈的科学家高兴的是，1970年发表的一项最新研究重复了他的结果，并证实了他的结论。

◎ ◎ ◎

北极燕鸥（arctic tern）拥有纤细的后掠式翅膀和缓缓倾斜的飞行方式，它们往返于遥远的南极和北极之间，以享受永恒的夏天。但是直到最近，它们的季节性旅行的规模才得到充分的认识。

2011年6月，荷兰科学家在荷兰捕获7只北极燕鸥，并在它们的腿上安装了"地理定位器"（重量只有1.5克）。这些设备记录了每天的日出和日落时间。这些信息让研究人员能够重现这些鸟的旅程。一年后，其中5只鸟最终被再次捕获。

平均而言，这些鸟离开它们位于荷兰的栖息地的时间为273天，飞行了9万千米。到目前为止，这是有记录以来距离最长的鸟类迁徙之旅，比之前对同一物种的估计多出了大约2万千米。在一项更早的研究中，来自格陵兰岛的燕鸥主要停留在北大西洋和南大西洋，沿着大致呈"8"字形的路线飞到南极并返回。相比之下，这些来自荷兰的鸟会先抵达非洲南端，然后飞越南冰洋（几乎到达澳大利亚），接着向南飞行至南极洲，最后经由大西洋返回——这是一条路程长得多的环行路线。

目前还没有人确切地知道北极燕鸥是如何飞越广阔海洋的，也没有人知道它们是如何确定自己繁殖地的位置的。

6 航位推算

现在看来相当令人震惊的是，在那些可供使用的导航工具极其匮乏的时代，竟然有那么多水手愿意冒着生命危险穿越大洋。想象一下，在没有任何可靠的方法可以确定你所在位置的情况下，扬帆开启一段可能会持续数月的旅程。由于无法保存新鲜食物，饮用水的供应也只能通过降雨来补充，所以这是一项比今天的远航活动更危险的冒险任务。导航信息的缺失夺去了无数水手的生命，尽管他们更多地死于坏血病、干渴或饥饿，而不是海难。正如前文中那只精疲力竭的黑顶白颊林莺如此清晰地揭示的那样，我们并不是唯一面临这些问题的物种。

在遥远的过去，在开阔海域上航行是一项非常危险的活动，因此大多数航海者都尽可能地选择他们熟悉的路线，尽管这并不意味着他们总是紧挨着海岸航行。只要他们大致知道要走多远，朝哪个方向走，并且能准确地估算出自己的速度和路线，他们就能相当有信心可以抵达目的地。对北半球的航海者而言，北极星在地平线以上的高度为他们提供了一种便利的纬度测量方法，而且从1500年左右开始，得益于天文学家们的细心观察，人们还可以通过测量正午太阳的高度来确定纬度。

只要知道目的地的纬度，水手们迟早可以抵达那里——只要沿着同一纬度航行即可。但是一旦看不到陆地，他们就无法确定自己的准确位置了，因为他们没有办法确定自己所在地的经度。这意味着他们永远无法确定自己何时能抵达目的地——这是一个危险的事态，尤其在天气恶劣或者能见度低的情况下。

无法测量经度还意味着没有准确的海图。例如，人们对太平洋宽度的估计与实际相差数千千米，而所罗门群岛（在16世纪中期被西班牙人首次发现）"失踪"了200年之久。即便是在熟悉的欧洲海域，海图通常也极不准确。"经度问题"直到18世纪中叶才得到解决，尽管欧洲各国政府在过去200年里为此提供了巨额奖金，但大多数航海者在很长时间之后才接触到这项新技术并掌握其使用方法。

那么，早期的水手是如何在开阔海域上导航的呢？

除了天文观测之外，他们手中还有三种简单的工具可用，分别是磁罗盘（似乎从12世纪开始在欧洲使用）、测程板和测深索。

当然，磁罗盘为人们提供了一种稳定的航向，尽管这并不像听起来那么简单，因为这些设备会受到一种名为"偏差"的潜在危险的影响。这一情况是由船上的磁性铁质物体对罗盘产生影响而造成的，令人困惑的是，偏差会随着船只的航向发生变化。

直到19世纪，人们才认识到这个令人费解的问题，并研究出了有效的补救方法。另外，人们花了很长时间才意识到，有时真北和磁北之间存在着巨大差异，而且这种差异不仅因地而异，还会随着时间的推移而变化。

测程板只是一块位于长绳末端的木头，绳子上每隔一段距离打一个绳结作为校准刻度。木头被抛出船的一侧，并在船尾拖行一段固定的时间（用沙漏计时）。人们根据木头拖出来的"节"的数量，便可以估算出船只在水中的速度。每一节被定义为每小时1海里（约等于1.85千米）。这是一套相当有效的系统，尽管测程板的校准经常会出现问题。

如果要说有什么不同的话，那就是测深索更简单。它是一根末端连接着一个圆锥形铅块的长绳，人们只要将其从船的一侧抛入海中就可以测量水深。另外，通过将一些脂肪塞入铅块底部的空腔中，还可以用它来对海床的成分进行取样，例如看看是否含有沙子、砾石或淤泥等。借助这些信息，以及那些展示海底特征的沿海水域的海图和海水深度，人们便可以确定船只的大致位置。

当然，在开阔的海面上，这种标准"铅块"毫无用处，因为那里的水深通常可达数千米。在那里，过去的航海家只能通过记录他们在既定方向上行驶了多远这一简单的权宜之计来估计自己的位置。因此，如果你以5节的速度向西航行10小时，就意味着你比10小时之前向西行驶了50海里。或者你是这么希望的。

通过记录每次航行速度和方向的变化（通常记录在一个简单的洞洞板上，因为大多数水手都不识字），理论上你可以计算出自己相对于出发点的位置，即使是在一系列航向和速度变化之后。这个过程被称为"航位推算"（dead reckoning，简称DR）。*人们常说DR其实是"deduced reckoning"†的简称，但是这个术语至少可以追溯到17世纪，它的起源难以考证。我倾向于认为它是伊丽莎白时代某个有黑色幽默感的水手创造的。

航位推算的问题在于它不可靠。实际上，它非常不可靠。它极易出现许多难以控制的错误。首先，要应对洋流问题，即便在大洋深处，洋流也可能很强劲。没有办法探测到它们，除非你有某种能够确定自己位置的方法。测程板可能会告诉你你正在以5节的速度航行，而罗盘会确保你一直向西行进；但是如果整个海洋都在移动，你实际上就可能正以不同的速度朝着不同的方向前进。还有一个问题是，当风不是从船尾（船的正后方）吹来时，帆船往往会有一种"下坠"的趋势。换句话说，它们除了向前移动，还会向一侧漂移。虽然可以通过对比船的尾流与真航向之间的夹角来估计"偏航"的程度，但它远远不是一门精确的科学。

舵手也是一个要考虑的因素。有些人擅长让船保持在航线上，而另一些人则不那么可靠。每次观察结束时，导航员可能会确信这艘船一直在以特定的速度稳定地向西航行，但实际上，它可能在沿着一条更不稳定的路线行进，而且速度可能也发生了变化。当然，还有天气因素的影响。当一艘船在暴风雨中行驶时，它无法追踪任何东西，而在风平浪静的海面上时，它只能任凭看不见的洋流摆布。在这样的情况下，航位推算会完全崩溃。

英国皇家海军准将安森（Anson）在18世纪40年代领导了一次著名的

---

* DR的科学术语是"路径整合"。
† 意为"经过推断的估算"。

远征探险，生动地说明了航位推算有多么不可靠。在恶劣的天气条件下，安森一行人艰难地绕过合恩角，并认为他们这支遭受重创的小船队已经足够深入太平洋海域，可以安全地沿着南美洲西海岸向北航行了。但接下来他们陷入了一个难以应对的意外状况。

午夜时分，当安森确信他们已经来到外海并远离陆地时，领头的船上突然鸣枪示警：他们正向毁灭驶去，因为前面就是火地岛的岩石悬崖。那真是一次死里逃生的经历。当时他们推算的船位与实际情况相差了大约500海里（约926千米）。随后，他们寻找胡安－费尔南德斯群岛的首次尝试也失败了，而延误还导致数十名水手死于坏血病。

兜圈子的马克·吐温

20世纪50年代，随着可以在水下连续作业数月的核潜艇的发展，一种全新的导航挑战出现了。虽然当时的天文导航已经很完善，各种基于无线电的定位工具也已问世，但这些工具对在深海下巡逻的核潜艇来说是不可用的。*

这个问题的答案在于一种导航系统的形成，该系统在一系列陀螺仪的帮助下可以记录三维加速度，换句话说，就是舰船的速度和方位变化。通过整合这些惯性传感器的输入数据，计算机可以跟踪核潜艇的每一次动作，并在任何给定时刻生成一个准确的位置。然而，人们还要考虑到地球本身的自转，而且该系统需要不时地进行更新，否则它会逐渐"漂移"。这一系统被称为"惯性导航系统"，已被广泛应用在导弹、客机甚至宇宙飞船上。

---

* 事实上，通过潜望镜可以看到太阳和星星，但由于这很可能会向敌人暴露巡逻核潜艇的存在，因此某种替代导航方法至关重要。

有趣的是，人类和许多其他脊椎动物都有类似的机制，它被称为"前庭系统"。我们的内耳被设计用来探测加速度，就像核潜艇上的陀螺仪一样，尽管它们的运作方式有所不同。名为耳石的微小结石位于半规管内，会对敏感的毛发施加压力，同时这些压力又会向大脑发送信号，从而计算出你身体的运动方向和速度。但这还不是全部。与此同时，你会从你的关节和肌肉那里得到有价值的反馈。例如，通过计算你所走的步数，你可以估算出自己走的路程；通过感知地面的坡度和需要付出的努力，你可以判断自己是在上坡还是下坡。

通过整合这些不同的"自发运动"[*]线索所提供的信息，原则上我们应该可以追踪自己所在的位置。但遗憾的是，正如下面的这则故事所展示的，这套系统在实践中并不能很好地发挥作用。

一场暴风雪过后，整个世界看起来大不相同。旅行者通常依赖的地标隐藏于无形之中，如果缺乏对当地的充分了解或者因纽特猎人的技能，他们可能很快就会陷入麻烦。

这正是19世纪中期美国著名作家马克·吐温和他的同伴们在前往内华达州的边陲小镇卡森城的途中所发生的事。

马克·吐温在他的半自传性游记《苦行记》（*Roughing It*）中描述了他和同伴们差点冻死在荒野的经历，其中包括一个名叫奥伦多夫（Ollendorff，普鲁士人）的"万事通"和一个名叫巴卢（Ballou）的人。厚厚的积雪掩盖了道路，而且因为能见度很低，旅行者们也无法根据远处的山脉来确定路线：

> 这看起来很可疑，但是奥伦多夫说，他的直觉就像指南针一样敏感，可以为我们找到一条通往卡森城的"捷径"，而且永远不会偏离它。他说，如果他在这条真正的道路上行进时偏离一分一

---

* 科学术语是"idiothetic"。

毫，他的本能就会像愤怒的良知一样折磨他。于是，我们兴奋且满足地跟随着他。我们小心翼翼地往前走了半个小时，但最后发现一条新留下的痕迹，奥伦多夫自豪地喊道："我就知道，我像指南针一样精确，伙计们！这是别人留下的踪迹，他们会在前面找路，让我们毫不费力地跟上去。我们快点赶路，加入他们吧。"

马克·吐温和同伴们策马奔跑起来，他们发现前面的人留下的足迹变得更清晰了，于是推断自己肯定是快要追上他们了。一个小时后，足迹看上去"更新鲜、更明显了"，而且相当令人惊讶的是，他们前面的旅行者的人数似乎在稳步增长：

> 我们很好奇，在这一时刻，这样一个偏僻的地方，怎么会有这么多人来旅行？有人猜测，他们肯定是来自要塞的士兵，我们接受了这个说法，并稍微加快了速度，因为他们很可能就在不远处。但是足迹仍在增加，我们开始觉得这队士兵的数量正在奇迹般地扩大到一个团——巴卢说他们已经增加到500人了！不一会儿，他勒马停下，喊道："伙计们，这是我们自己的足迹啊，我们实际上一直在这儿兜圈子，已经在这片什么也看不见的荒芜之地上绕了两个多小时！真是见鬼！"

文学作品和民间传说中充斥着这样的故事，而且它们得到了科学研究的证实，尽管关于其原因存在很多争论。

早在20世纪20年代，一位名叫A. A. 谢弗尔（A. A. Shaeffer）的科学家就声称，人类有一种奇怪的、与生俱来的螺旋运动趋势，当我们不清楚自己正前往何方时，它就会自动发挥作用。他提出，正是这种运动趋势让我们去"兜圈子"。然而，另一些人声称，腿部长度的差异、姿势的改变、注意力的分散或者双脚位置摆放错误（仅举几个例子）都有可能会导致我们的内部导航系统出现故障。

最近，扬·索曼（Jan Souman）进行了一项实验，他要求受试者蒙着眼睛走过一个又大又平坦的机场。其间，没有声音引导他们，索曼发现他们无法保持直线行走，即使在较短的距离内。他们沿着曲折而明显随机的道路前进，而且经常会绕回原地。最终的实验结果是，所有受试者从他们的起点到终点的最远距离平均只有大约100米。

在索曼看来，这些错误并没有规律可循，也没有任何迹象表明腿的长度或力量差异等身体因素是罪魁祸首。另一名研究者此前曾调研过在目标突然被隐藏之后，人们还能保持多久的稳定方向。答案是，他们只能保持大约8秒。

即便有一些视觉信息可用，我们保持直线前进的能力也相当差，除非有太阳或月亮照耀。索曼测试了受试者在两种截然不同的环境中不蒙眼走路的情况，这两种环境都没有给他们提供很多有用的地标——德国的森林和突尼斯的沙漠。有趣的是，结果喜忧参半。

在多云的条件下，所有受试者都很难保持直线行进，但是当太阳出来后，他们的表现就好多了，经常可以在长得惊人的距离范围之内保持稳定的行进方向，即便在混乱且令人迷惑的森林环境中也是如此。一名夜行在突尼斯沙漠中的受试者也做得相当不错，只要他能看到月亮。但是当月亮被云层遮挡后，他拐了几个急弯，最终又回到了原来的路上。

这些发现表明，借助日光或月光，大多数人可以通过某种粗略但可用的时间补偿方法来控制前进方向。但是，我们有充分的理由相信，人们不能仅仅依靠内部的自我运动信号来维持恒定的方向。因为系统误差会不可避免地悄悄出现，而且往往会不断累积。因此，最终必然出现方向偏差。如果动物（任何一种动物）想要保持直线前进，它必须拥有外部参照，无论是地标，还是某种形式的罗盘。如果没有参照，它的路径轨迹迟早会接近螺旋形。

所以，也许索曼一直以来都是对的——或许我们的确拥有一种与生俱来的螺旋运动趋势。

$\varqoppa\ \varqoppa\ \varqoppa$

2009年，一只名叫斑尾塍鹬（bar-tailed godwit）的陆地鸟被追踪到在8天多一点的时间里不间断地飞越太平洋，从阿拉斯加一路飞到新西兰，全程长达11680千米。而其他几只斑尾塍鹬的飞行距离只是稍短一些，所以这显然不是个别的超常现象。对一种必须拍打翅膀才能产生升力的鸟来说——而不是像漂泊信天翁那样翱翔和滑翔——飞行那么远几乎令人难以置信，而当你考虑到斑尾塍鹬不能降落在水面上时（因为一旦打湿自己，它们就无法再飞到空中了），这就更令人惊叹了。

这些超长距离的飞行对斑尾塍鹬提出了巨大的体能要求，为了保持在空中飞行，它们被迫将静息代谢率提高8~10倍。然后，它们必须在整个旅程中保持这一消耗水平。为了满足它们的能量需求，这些鸟会在出发之前增肥，它们的重要器官会收缩，将起飞时的重量降至最低。当它们抵达新西兰时（死的比活的多），它们的体重会减轻三分之一。但是这些鸟还必须穿越数千千米的空旷海洋，并应对途中不利天气的影响。如今，人们尚不清楚它们是如何做到这一点的，不过有趣的是，为了充分利用顺风，它们会仔细计算离开阿拉斯加的时间。

但是这些斑尾塍鹬明明可以沿着亚洲大陆的边缘飞行，为什么要选择直接飞越开阔的海洋呢？有几个因素似乎在起作用。看起来，这条直达航线不仅为斑尾塍鹬节省了宝贵的时间，还将它们的总能量消耗降至最低。飞越海洋还能让它们避开游隼等捕食者，并降低了接触寄生虫和疾病的风险。然而，当它们再次向北飞行时，优势平衡肯定会有所不同：这一次，它们的大部分路线是沿着海岸进行的。

气候变化在太平洋上引起的任何季风变化都将扰乱斑尾塍鹬的跨洋迁徙。此外，它们还受到亚洲湿地迅速减少的威胁，因为它们在向北飞行的途中会在那里停下来补充能量。

7 昆虫界的赛马

尽管航位推算有很多缺点，但它仍然是追踪你的位置的唯一实用的方法，除非你有一些可以定位自身确切位置的独特方法，例如使用地标或GPS。而且在非常短的距离内，在各种误差积聚之前，这种方法是相当有效的。因此我们有必要问一问，其他动物能否使用航位推算。沙漠蚂蚁可以沿着一条复杂而曲折的路线外出觅食，然后直线返回巢穴，这一事实表明它们可能是有希望的候选者。为了更深入地了解蚂蚁的导航能力，我去苏黎世拜访了该领域最著名的专家之一吕迪格·魏纳（Rüiger Wehner）。

魏纳一心一意要了解沙漠蚂蚁的归巢行为的决心确实令人敬畏。和冯·弗里希一样，他在这个领域进行了数百次实验，但他也运用了神经科学、解剖学、分子生物学甚至机器人学领域的工具来探索沙漠蚂蚁的许多不同的导航机制，正是这些机制使沙漠蚂蚁能够在非常严酷的环境中繁衍生息。科学界有很多关于跨学科研究价值的讨论，但很少有研究人员像魏纳那样坚定地追求这一理想，并获得了成功。

虽然我乘坐的火车深夜才抵达，但魏纳坚持要在苏黎世的中央车站接我。他个子很高，戴着眼镜，在几乎无人的宽阔大厅中央是一个绝不会被认错的"地标"。第二天早上，在大学食堂吃完早餐后，我们去了他的公寓，从那里可以俯瞰西边的湖面，遥望远处的高山。我们在他的书房里花了一整天的时间讨论他的研究。虽然靠墙书架上的书大多是科普书，但也有很多戏剧、小说、哲学及艺术史方面的著作。我们一直在交谈，午餐和晚餐期间也没有停歇，虽然那天深夜回到酒店时我已筋疲力尽，但大脑仍然非常兴奋，难以入睡。

魏纳向我展示的内容让我感到非常羞愧：一只小小的昆虫竟然能完成

人类借助仪器才能做到的导航壮举。但是除此之外，我不禁被其他一些东西所打动，即取得这些发现的科学家们的聪明才智和奉献精神。

魏纳1940年出生于巴伐利亚州，尽管他最初的记忆是被人从德累斯顿的瓦砾中挖出来，当时英国发动的空袭和随后的大火几乎将这座城市彻底摧毁。上小学时，他住在城外一栋被大花园环绕的房子里，正是在这种"美丽的田园环境"中，他首次对博物学产生了兴趣。

后来，他们全家搬去了西德。在那里，他和学校里的朋友们利用课余时间研究鸣禽——"计算窝卵数、繁殖时间、觅食行为以及候鸟抵达和离开的时间"。虽然他的父亲是一位哲学家，祖父是一名语言学教授，但年轻的魏纳还是对自然科学产生了强烈兴趣，并在1960年进入法兰克福大学学习。在那里，他学习了动物学、植物学和化学等课程，之后，他的兴趣"逐渐从野外转移到实验室，从博物学转向生理学，尤其是生物化学和神经生理学"。然而，在这一时刻，他并不知道昆虫将会成为他以后的研究重点。

科学家（至少是最优秀的科学家）花在培养新人上的时间与他们从事自己研究的时间一样多。冯·弗里希无疑吸引并指导了许多优秀的学生，而这些学生之后又各自展开重要研究。马丁·林道尔就是那些基于冯·弗里希的发现而展开研究的学生中的一员，而他又培养出了年轻的吕迪格·魏纳。

1963年，马丁·林道尔成为法兰克福动物研究所所长，而他关于蜜蜂感官能力的研究引起了魏纳的注意。在自由移动的动物身上开展严谨实验的可能性令他着迷。从此时起，魏纳的志向就是理解产生行为的全部机制：从感觉器官一直延续到真正启动运动的脑细胞的因果链。魏纳在林道尔的指导下攻读博士学位，探索蜜蜂如何区分不同的模式，他后来去了苏黎世大学工作，直到今天。

初夏的一天，当我们坐在窗边望着远处平静的湖面时，魏纳告诉我，他在获得博士学位几个月后，林道尔带他去奥地利拜访了冯·弗里希，见面地点就在冯·弗里希著名的布伦温克尔庄园里。这在很大程度上是一个象征性的场合，听着魏纳的叙述，我想起了基督教教会中标志着使徒继位的"按手礼"。

这位旧时代的大师虽然是天才般的实验设计者，但他对现代统计学方法毫不赞同。在访问结束时，冯·弗里希面无表情地问这位年轻的研究者："我很好奇，魏纳博士，一只昆虫有几条腿？"

这绝对是个令人惊讶的问题。猝不及防的魏纳犹豫地说，大部分人认为有6条腿。听到这个答案，冯·弗里希笑了一下，说道："现在我可不敢这么肯定了。我会说是5.9条，误差范围是正负0.2！"虽然这场对话发生在他的研究在美国遭到猛烈抨击的时候，但冯·弗里希似乎仍然保持着一种冷幽默。

作为一名年轻的博士后，魏纳打算追随冯·弗里希的脚步，研究蜜蜂，但是就像经常发生的那样，他的职业道路被偶然改变了。他计划在春天做一些实验，但那时欧洲的蜜蜂还没有展翅飞翔，于是他开车去了以色列的拉姆拉，并在那里的一片柑橘林中央架设了他的仪器。这一地点并不是一个好的选择。树上开满了花，并不令人意外的是，那些蜜蜂更喜欢大口享用这些现成的天然花蜜，对他提供的糖溶液几乎视而不见。

正当灰心丧气的魏纳考虑如何吸引蜜蜂时，一些长腿蚂蚁吸引了他的注意。他看着它们四处奔忙，对它们的行为越来越着迷，并开始对它们的导航能力进行试点实验。结果令人欢欣鼓舞，但此时魏纳对他研究的这些动物一无所知，甚至都不知道它们的学名是箭蚁（Cataglyphis）。

虽然他没有意识到这一点，但他已经找到了理想的实验对象。

回到苏黎世后，魏纳宣布，除了现在的蜜蜂项目之外，他还想研究箭蚁。他的科学导师们都劝他不要把时间浪费在研究这种"独特生物"身上。魏纳听了他们的建议，但置之不理。事实证明，这是一个好的决定，但在付诸实践之前，他需要筹集一些资金。魏纳还需要找一处沙漠蚂蚁栖息地，而且这个地方要比以色列离家更近。他拿出一本地图集，发现最近且切实可行的地点是突尼斯，而那里正是60年前桑茨奇生活和工作的地方，尽管魏纳此时还不知道他。

北非探险

1969年，在几名学生的陪同下，魏纳通过公路和轮渡前往北非。他们向南达到了吉利特盐湖（Chott el Djerid），那是位于突尼斯南部加贝斯绿洲附近的一个盐池。正是在那里，他们首次遇到一只觅食的沙漠蚂蚁，后来他们认定它是一只强箭蚁（Cataglyphis fortis）这一物种中的一员。当时这只长腿昆虫在烈日下四处奔跑，寻找食物，最终它收获了一只死蝇的尸体。魏纳惊讶地发现，这只蚂蚁在获得食物后，竟然能径直返回自己的巢穴（不过是地面上的一个小洞，距离这里100多米远）。既然它不可能从这么远的地方看到洞口，那它是如何归巢的呢？

他们在加贝斯附近的沙漠里工作了6周，但好奇的路人经常会干扰他们，于是魏纳决定寻找一个更偏远的地点。当年晚些时候，他带着一小队学生回到突尼斯。他们很快就找到了理想的地点——海滨小镇马哈莱斯（Maharès，当时它的城市规模只比村庄大一点儿）附近的盐滩，并在那里安营扎寨。当时，魏纳不知道这次远征将标志着他主要致力于沙漠蚂蚁研究的科学事业的开始，也不知道他将在30多年的时间里每年夏天都回到突尼斯。

马哈莱斯在1968年还不是度假胜地，但魏纳和他的妻子西比勒（Sibylle，也是一位生物学家，在魏纳几乎所有的沙漠之旅中，她都陪伴在其左右）是如此坚韧且足智多谋。在沙漠中，食物不易获得，而且他们的工作也让他们暴露在令人疲惫不堪的酷热之中。在一名当地官员的帮助下，他们借宿在一个当地人房子的二楼，但是他们的行为引起了村民们的极大困惑，有时甚至是怀疑。有一次，当地警察误以为魏纳夫妇是间谍，多亏了西比勒高超的语言技能才使他们免于陷入麻烦。

桑茨奇很久之前就指出沙漠蚂蚁可以找到归巢的路，即使它们所能看到的天空只是一个由圆柱形纸板界定的狭小圆圈。冯·弗里希后来发现，蜜蜂可以使用一种基于偏振光的太阳罗盘。蚂蚁似乎也在使用相同的系统，尽管没人了解。而这套系统到底是如何运作的（即使在蜜蜂身上）仍然是个谜。于是，这里就出现了一个有价值的挑战。

桑茨奇首先决定探索这种蚂蚁的眼睛在完成其导航任务中所起的作用。当然，追踪蚂蚁比追踪蜜蜂容易得多，魏纳很快就用一个设计巧妙的轮式框架在炙热的沙子上追踪它们，该框架将各种各样的滤光片罩在奔跑的蚂蚁上方。这个"滚动的光学实验室"不仅为蚂蚁遮挡了风，还防止它们看到任何地标。在它的帮助下，魏纳证实了这些蚂蚁的归巢能力的确部分依赖于它们对偏振光的敏感度。

回到实验室后，魏纳用电子显微镜发现蚂蚁眼睛朝天一侧（背侧）的边缘有一片细胞，它们似乎可以对这种光线做出完美的反应。通过在蚂蚁微小复眼的不同部位涂上颜色，魏纳能够证明所谓的"背部边缘区域"（dorsal rim area，简称DRA）不仅是蚂蚁探测偏振光能力的关键，还支持着一个时间补偿太阳罗盘。这个发现是一项重大突破，并且很快被推广到蜜蜂身上。此后，几乎每一种昆虫都被证明拥有一个类似的专门探测偏振光的区域。事实上，背部边缘区域是标准的昆虫罗盘的基础，它的进化起源在时间上肯定非常遥远。

下一步，魏纳想找出蚂蚁大脑的哪些部分处理来自背部边缘区域的信号，但它是如此小（比针头还小），以至于不可能研究其中单个细胞的行为。他和他的同事们不得不对蟋蟀和蝗虫这类大得多的大脑开展研究，然后以类比的方式了解蚂蚁的偏振光罗盘所依赖的过程。他们很快就发现了对偏振光做出反应的脑细胞，从那以后，参与处理偏振光信息的大部分电路都已被揭示。

蚂蚁当然不是凭借天文导航的人类的微缩版本。它不会执行复杂的运算来补偿太阳在天空中的运动。它不需要这样做，因为它有一套简单得多的系统可供使用。

它包括两个部分。首先，这种沙漠蚂蚁使用了魏纳所描述的"匹配滤光器"（这是他从工程学中借用的概念）。从字面意思上解释是，蚂蚁将它看到的东西和它眼睛里内置的天空电矢量模式模型进行匹配。这个物理模板自动确定太阳的方向，蚂蚁则相应地设定自己的路线。

然后，就像蜜蜂的情况一样，第二种机制开始发挥作用。这是一个在蚂蚁大脑中运转的内部时钟，使它可以补偿太阳不断变化的方位。在正常状态下，这种方法相当有效，但如果蚂蚁看不到完整的偏振模式（例如，当云层遮盖部分天空时），它们就可能会迷路。

就像巴格诺尔德的远程沙漠作战部队的导航员一样，觅食中的沙漠蚂蚁依靠太阳罗盘在毫无特色的沙漠盐滩中保持稳定的行进方向。但是，光靠罗盘并不能让它找到回家的路：航位推算还需要某种测量距离的方法。一只蚂蚁要如何做到这一点？

一种可能性是蚂蚁利用了一种被科学家称为"光流"（optic flow）的视觉效应。虽然听上去复杂，但这其实是个相当简单的概念：随着我们的移动，我们周围的景色似乎在以某种速度从我们身边流过，这种流速部分取决于它和我们之间的距离，部分取决于我们自己的速度。当我们看向两边时，离我们较近的物体似乎比离我们较远的物体移动得更快，而当我们走近时，正前方的物体看上去似乎变大了。一些巧妙的实验揭示了蜜蜂如何利用这种"流"来避开障碍物、安全降落，以及记录自己在觅食旅途中走了多远。光流"测量"是影响它们在蜂巢表面舞蹈的因素之一。

沙漠蚂蚁也利用光流来计算它们在觅食之旅中走了多远，但事实证明，那并不是最重要的因素。还有另外一些因素在发挥作用。

蚂蚁里程表

早在1904年，就有人提出蚂蚁或许可以通过计算步数来测量距离，就像远程沙漠作战部队的导航员依靠卡车上的里程表（记录车轮的转数）记录他们走了多远一样。这是一个非常有趣的理论，但没有人可以验证它，直到魏纳的学生马蒂亚斯·威特林格（Matthias Wittlinger）想出一个通过物理方法改变蚂蚁步幅的好主意，并找到了一种切实可行（尽管有些极端）的实现方法。

首先，威特林格训练普通蚂蚁往返于其巢穴和一个距离其巢穴10米远的喂食盘之间。接下来，他将它们转移到位于相同地点的一个带有高侧壁的测试通道中，这样它们就看不到任何可能暴露它们巢穴位置的地标了。将蚂蚁放到通道的喂食端后，他测量了它们在归巢之路上走多远之后才开始四处寻找自己的巢穴。随后，这些训练有素的蚂蚁经历了一系列被委婉地称为"实验操作"的过程。

威特林格要么在它们腿上绑上用猪毛制成的高跷（从而扩大它们的步幅），要么把它们的腿剪短（产生相反的效果）——这是一个残忍的过程，但这些蚂蚁显然以惊人的平静姿态忍受着。然后，这些踩高跷的蚂蚁和被截肢的蚂蚁在测试通道的另一端被释放。他想看看，腿长的改变是否会影响它们在开始找巢穴之前的行程。结果是戏剧性的：那些踩高跷的蚂蚁走过了自己的巢穴所在地，而相比之下，那些被截肢的蚂蚁却没有到达目的地。正如该理论所预测的那样，踩高跷的蚂蚁似乎高估了归巢的路程，而那些被截肢的蚂蚁则犯了相反的错误。

这还不是全部。接下来，威特林格让这些被操纵的蚂蚁（无论是步幅变长的还是缩短的）都凭借自己的力量外出觅食。归巢时，它们的表现几乎和正常蚂蚁一样，可以正确地估计出巢穴的位置。这就说得通了，因为无论它们的腿是变长了还是缩短了，外出和归巢时所需的步数是一样的。

在太阳罗盘和里程表的帮助下，沙漠蚂蚁可以径直找到它的起点，也就是它的巢穴。更重要的是，无论它的外出之旅多么曲折，它都可以做到这一点。这是航位推算发挥作用的一个完美案例。然而，和人类的航位推算一样，这种蚂蚁的系统也不完美。它很容易积累误差，而且由于蚂蚁可能会从它的巢穴移动数百米，这些误差可能会变得非常大。

为了弄清楚蚂蚁是如何应对这个问题的，魏纳在蚂蚁巢穴两侧放置了两个等距离的黑色圆柱体。蚂蚁很快就学会了利用这些突出的地标来定位它们的巢穴。但目前还不清楚蚂蚁关注的是圆柱体的哪些特征。它们可能是通过测量巢穴与这两个圆柱体之间的距离来判断巢穴的位置，或者可能已经计算出连接圆柱体和巢穴的罗盘方向——这是一种三角测量方式。于是魏纳和他的同事将这些蚂蚁转移到一个远离它们真正巢穴的实验区，并摆出相同的阵列，但有细微差异。

当研究人员将两个圆柱体之间的距离加倍时（不改变它们的大小），这些蚂蚁并没有像人们想象中的那样在圆柱体之间搜索。相反，它们只在其中一个圆柱体旁边打转。但是当两个圆柱体的尺寸也随之加倍时，这些蚂蚁的表现就大不相同了：现在它们被吸引到了正中央。

魏纳得到结论，它们正在寻找一个位置，使两个圆柱体看上去和它们最初训练时看到的样子一样。在寻找巢穴时，这些流离失所的蚂蚁试图将原始阵列的二维"快照"与它们现在看到的景象进行匹配。因此，它们跑来跑去，直到能够在所学的"模板"和它们复眼探测到的圆柱体的当前图像之间找到最佳匹配。

你一定还记得，沃兰特的蜜蜂在起飞离巢时，会回头从不同角度观看自己的巢穴。沙漠蚂蚁也会做类似的事情。它们会进行"学习步行"，在这一过程中，它们会绕着自己的巢穴转圈，而且圈越来越大。其间，它们会时不时停下来，并回头凝视几乎看不见的洞口。这样做的过程中，它们记住了巢穴各个视角的景象。

在结束觅食探险准备归巢时，它们会调出这些图像，用它们来寻找回家的路。这种图像匹配系统不需要蚂蚁理解地标之间的几何关系。在这一点上，它和蜜蜂明显不同，后者可以通过学习掌握起连接作用的罗盘方向是如何将一组地标和食物供应地联系起来的，就像北美星鸦那样。

在这些发现的基础上，魏纳和他的同事甚至成功地设计了一款机器人载具，它复制了蚂蚁的偏振光罗盘和地标识别系统。这种机器被戏称为"Sahabot"（撒哈拉机器人），它的行动和真正的蚂蚁没什么两样。他们还揭示了沙漠蚂蚁导航工具包的许多其他方面，包括它利用风向、振动和气味作为额外的罗盘线索来寻找目标的能力。这些蚂蚁甚至可以根据地面的起伏状况来判断自己走了多远。最新的消息是，这些了不起的动物还可以利用地球磁场来判断自己的方向。它们的才能似乎没有尽头。

沙漠蚂蚁生活在极其恶劣的环境中，常常需要应对高温问题，因此它们只能在外面短暂停留。正因如此，它们的长腿不仅可以使其远离炙热的地面，还能让它们跑得更快，而魏纳将它们贴切地称为"昆虫界的赛马"。有一个物种的身体表面甚至长着有特殊形状的毛发，以帮助它们控制体温。它们选择最短归巢路径的能力不仅仅是效率问题，还是一件生死攸关的事情。

达尔文对蚂蚁"极其多样化的本能、智力和情感"印象深刻，并将蚂蚁的中枢神经系统形容为"世界上最神奇的元件之一，也许比人类的大脑还要神奇"。如果他知道了魏纳的发现，他肯定会很高兴，而且会非常感兴趣。

在隆德大学研究昆虫导航的神经学家斯坦利·海因策（Stanley Heinze）表示："所有大脑的主要功能之一是接收感官信息，并利用这些信息估计世界的当前状态，然后将其与世界的理想状态进行对比。如果两者不匹配，动物就会启动补偿活动，即我们所说的行为。"昆虫是这样，更复杂的动物也是如此，如人类。

与鸟类和哺乳动物相比，昆虫的大脑很小。人类大脑含有大约850亿个神经元，而沙漠蚂蚁的神经元只有40万个左右。尽管它们的大脑很小，而

且远不如人类的大脑那样具有多功能性，但它们已经完全适应了它们必须
执行的有限范围内的任务。虽然蚂蚁和蜜蜂（以及其他昆虫）的大部分行
为是由"基本的"大脑回路控制的，但正如我们所看到的，它们可以从经
验中学习，并能产生令人印象深刻的多样化导航行为。难怪机器人和自动
驾驶汽车的设计者们会向它们寻求灵感。

从沙漠蚂蚁、果蝇、飞蛾、蜜蜂、蝗虫到蟑螂，很多昆虫的大脑都
含有两个似乎对导航非常重要的结构。这种所谓的"蕈状体"（mushroom
body）储存着基于嗅觉和视觉的长期记忆，而"中央复合体"（central
complex）控制着动物所遵循的路线，在很多情况下是利用天光偏振模式来
实现这一点的。因为这些结构共同出现在如此广泛的物种中，所以人们认
为它们肯定在进化历程的某个很早的阶段就出现了。确切地说，这种动物
是如何选择走哪条路并开始启动恰当的动作，仍然是个谜，但是蕈状体和
中央复合体之间的相互作用似乎在这个过程中发挥了至关重要的作用。

◎ ◎ ◎

东南亚和澳大拉西亚的湾鳄（estuarine crocodile）是世界上最大的爬
行动物，并且有吃粗心大意的人类的恶习。它们可能给人一种相当不爱动
的印象，但其实它们可以在短距离内快速移动，还能以较慢的速度行进数
百千米。

2007年，一项有趣的研究显示，湾鳄也很擅长找回家的路。当时有3只
雄性湾鳄被捕获并被安装了卫星追踪器。随后，研究人员用吊索将它们吊
在直升机下面，运到了澳大利亚昆士兰州约克角半岛的不同放生地。显然，
在花了点时间思考下一步该怎么做之后，这三只湾鳄最终起程并回到了它
们当初被捕获的地方。

其中一只湾鳄在15天里沿着海岸行进了99千米，而另一只湾鳄仅用5
天时间就走了52千米。这的确令人印象深刻，但和第三只湾鳄的所作所为

相比，这些就显得微不足道了。第三只湾鳄被研究人员用直升机从约克角半岛的西边运到了东边——陆上距离为126千米。很显然，它无法原路返回，但它仍然设法绕过该半岛的北端，然后从另一边南下。它在短短20天里行进了411千米。

　　没有人知道这些动物是如何找到回家的路的，但是这个实验给我们上了宝贵的一课："转移"对人类构成威胁的鳄鱼的行为显然没有任何意义。

8　依靠天空的形状辨别方向

超过一半的人类与大自然提供的最壮观的景象相隔绝。生活在夜空被人造光照亮的城镇里，我们大多数人只能在不受光污染的地方看到成千上万颗星星中的一小部分。我们一直在以缓慢而坚定的姿态拉上那扇曾经为我们展示宇宙风景的百叶窗。

1994年，当洛杉矶的电力供应因地震而中断时，人们对真正漆黑的夜空是如此陌生，以至于许多居民拨打了紧急电话，焦急地报告天空中出现了一朵奇怪、"巨大、闪着银光的云"。是外星人要登陆了吗？不，那是他们此前从未见过的东西：银河。

根据最近一项基于卫星图像的研究，全世界超过80%的人口（美国和欧洲超过99%的人口）生活在光污染的天空下。银河系在三分之一的人类（其中包括67%的欧洲人和将近80%的北美人）面前隐藏得毫无踪影。光污染的危害在我们身上蔓延的速度十分缓慢，以至于几乎没有人意识到它让我们付出了多少代价；而且情况还在继续恶化。这正在损害人类的健康，而其他一些在许多方面（包括导航）依赖自然光的动物正在遭受更大的不利影响。很多动物直接死于人造光对其正常生活的破坏性干扰。这是一个严重的环境问题，但没有得到足够的重视。★

要想看到繁星满天的漆黑夜空，你必须去沙漠或山里，或者深入外海。如果你有机会在晴朗的夜晚去那些偏远的地方，你就会知道过去每个人都见过的天堂是什么样子。

一开始，你只能看到最亮的星星，但随着你的眼睛慢慢适应，越来越

★　印度洋和红海中的阿拉伯水手也使用"恒星罗盘"系统，这套系统可能是途经马达加斯加传播到他们手中的，当时定居在马达加斯加的人来自现在的印度尼西亚。

多的星星出现，直到最后，天空充满了成千上万的闪烁光点。然后，你可以看到星星之间的差异，不只在亮度上，还有色调的不同。有些发红光，有些带点黄色，还有一些（最热门的那些）闪烁着冷峻的蓝白光。虽然我们用肉眼只能看到离我们最近的天体邻居，但即便是它们，和我们之间的距离也是难以想象的遥远。例如，恒星天津四（Deneb）离我们有一千光年。由光以每秒30万千米的速度传播可知，这是一段非常遥远的距离。

我第一次看到这样的天空是在开阔的大洋上，那真让人大开眼界。虽然我长期以来就对群星着迷，但从未意识到当它们全力闪耀时，会呈现出如此令人叹为观止的景象。然后，随着我一个小时又一个小时地观察，我第一次知道了它们是如何移动的。

围绕着北极星这个静止点，整个夜空和所有星星一起随着地球的缓慢自转雄伟地转动着。我坐在大海中央的一艘小游艇上，眺望着太空深处，深刻地意识到了自己的渺小。然而，奇怪的是，这种感觉一点儿也不令人不安。事实上，那是一种异常的平静。

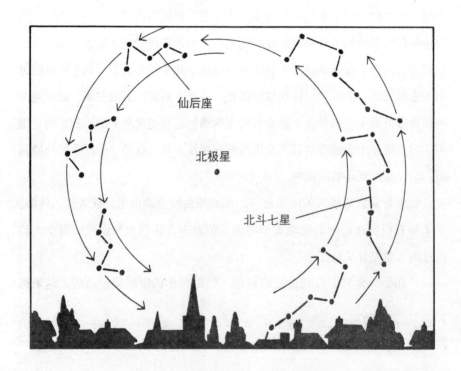

人们仰望星空已经有很长一段时间了：如果对智人起源时间的最新估计是可靠的话，那就是30万年左右。我们最早的祖先肯定和今天的所有人一样，对夜空充满了好奇。他们肯定也意识到，星空呈现出的一些规律对他们是有用的，所以如果其他动物没有在更早的时候就开始利用这些规律，那就太奇怪了。

撇开不同星座似乎会随着季节的变化而变化不谈，最早的人类应该已经注意到，每颗恒星都像太阳一样遵循着规律的日常运行路线。除了那些靠近天极（天空中位于地理极点垂直上空的点）的星星，它们都是东升西落。而且就像太阳一样，当它们抵达自己弧线轨迹的顶点或穿过你所在的经线时，它们总是位于观察者的正北或正南方。虽然北极星并不总是像今天一样标记着北天极，但史前的天文学家肯定已经注意到，在环绕南北天极的群星中存在着一个静止不动的点。

我们石器时代的祖先肯定非常仔细地观察过天空。他们很清楚夏至和冬至这样的天文现象，而且他们建造了许多与之精准对应的建筑（巨石阵是最著名的建筑之一）。后来，巴比伦人、古希腊人和阿拉伯人极其复杂的观测为现代天文学的建立提供了基础。我们还知道，古代欧洲、近东和中国的航海者曾在远离陆地的外海上远航。他们肯定利用了太阳和星星作为引导，尽管历史记录几乎没有透露他们究竟是如何做到这一点的。

有一些生动的只言片语可供一瞥，例如，《荷马史诗·奥德赛》中的诗句，巫术之神喀耳刻告诉英雄奥德修斯要稳定地向东航行，让大熊星座始终保持在他的左边。但是关于航海实践的最早的详细文字记载直到16世纪才出现。在那之前，我们基本上对此一无所知。识文断字的能力局限于一个非常小的特权精英阶层，所以航海技术大概是通过口口相传和实际案例传播的。

然而，少数尚未完全屈服于西方势力的原住民部落可以为我们提供一些线索。到20世纪中期，只有少数几个偏远地区的古老航海技术得以幸存下来，其中最著名且被研究得最透彻的是太平洋上的岛民所使用的传统方法。

那些于16世纪首次抵达太平洋的欧洲水手对他们所遇到的部落的航海技能感到惊讶,尽管他们很难理解这些技能。直到18世纪下半叶,第一批科学研究人员抵达这里,关于波利尼西亚人航海技术的简要描述才开始出现在印刷物上。

法国伟大的探险家路易斯-安托万·德·布干维尔(Louis-Antoine de Bougainville,1729—1811),曾在1768年抵达塔希提岛(稍早于库克船长)。他惊奇地发现,岛上的居民居然能在不使用任何仪器或海图的情况下,穿越数百甚至数千千米的开阔海域,然后在遥远的岛屿上成功登陆。库克船长本人对当地一位塔希提航海家的知识和技能印象深刻,于是将他带上了自己的船,帮助探索附近的岛屿(包括新西兰)。

但是,布干维尔、库克船长和他们的同伴对波利尼西亚人航海技术的描述少得令人沮丧。也许他们问错了问题,或者这些岛民不愿意和客人分享如此重要的甚至可以说是神圣的信息。除了语言问题,欧洲人和波利尼西亚人在航海观念方面存在着根本性差异,这很可能阻碍了两者的成功沟通。无论如何,在接下来的两个世纪里,殖民势力及其所带来的毁灭性影响几乎扼杀了数千年来使波利尼西亚人不仅能在横跨半个太平洋的群岛上生活,而且可以在它们之间保持定期接触的技术。20世纪60年代,西方研究人员开始寻找为数不多的幸存下来的古老技艺的实践者,他们差一点就来晚了。

恒星路线

那时,波利尼西亚群岛上的居民已经放弃了传统的航海技术,但这些技术在密克罗尼西亚群岛上依然延续着。那里的水手仍在使用古老的方法进行导航,穿越数百英里的开阔海域。他们成功的关键在于漫长的学徒生涯，而这可能在10岁之前就开始了。在此期间，他们将通过无休止的重复和测试来掌握那些连接着他们可能会驶向的所有岛屿的"恒星路线"。

这些路线是人们通过准确地了解32颗获得命名的恒星在地平线上升起和落下的位置而形成的。这套"恒星罗盘"系统是如此深入人心并得到了透彻的理解，以至于领航员不仅能在某颗熟悉的星星出现在正前方时设定准确的航向，而且当它出现在天空中任何其他位置时也可以做到这一点（不过，显然不能是头顶正上方的位置）。他——一直是男性，因为女性被禁止当领航员——依靠"天空的形状"辨别方向，而不是以某个光点为目标。

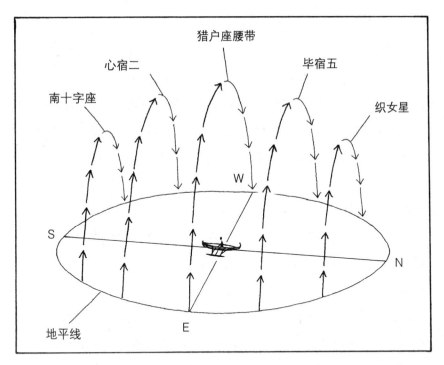

构成太平洋岛民"恒星罗盘"的一些明亮恒星

恒星罗盘可能是密克罗尼西亚人导航系统的核心，但它本身还不足以实现长途导航。*另外，舵手在白天也要操控航向，这意味着他们需要将太

★ 若要了解更多信息，请登录国际黑暗天空协会（International Dark Sky Association）的网站。

阳作为引导。在热带地区，太阳通常从正东附近升起，在正西附近落下。到了正午，当它到达天空中的最高点时，只要不是位于头顶正上方，它还能告诉领航员南北方的位置。

在这一天剩下的时间里，领航员必须再次"依靠天空的形状"辨别方向。大卫·刘易斯（David Lewis）是经验丰富、勇敢无畏的小船水手，也是太平洋岛屿上传统导航技术方面的专家，他说："如果一个人知道太阳升起和落下的方位以及它在天空中的运行轨迹，只要经过充分的练习，就可以习惯性地做出近乎自动的心理补充，从而实现依靠太阳辨别方向。"正如我们在本书前面所看到的那样，如果有需要，即使是普通人也可以很好地利用太阳和月亮来保持稳定的方向。

但仅凭天文导航是不够的，这名领航员还得是航位推算方面的专家。他必须能够非常准确地判断自己驾驶的独木舟的速度，并考虑洋流经常产生的强大影响。海水颜色和波浪形状的变化让他能够察觉到暗礁的存在。即使在看不见陆地的地方，这些线索也能帮助他在沿途确定自己的位置。

局部的、由风驱动的波浪变化无常，它可能会朝任何方向移动，因此在开阔海面上几乎没有什么导航价值，但由远方的天气系统所引起的有规律的涌浪有用得多。它雄伟地向前滚动着，可以轻松地行进数百甚至数千千米，而且在遇到陆地之前总是朝着同一个方向前进。对航海者而言，这样的涌浪的作用就像罗盘，使他即使在天空完全被云层遮住的情况下也能保持笔直的航向。

在太平洋的某些地方，航海家能够通过观察一座眼下还看不见的岛屿扰乱其周围有规律的涌浪的方式来探测它的存在。在马绍尔群岛，人们用棍子制作特殊的"海图"，以说明海洋岛屿周围涌浪的反射和衍射所产生的独特图案。尽管不在海上使用，但它们似乎已经被用作有用的教具。

紧贴着高岛山坡的云是有价值的远程信标。另外，它们还会反射来自远处环礁内浅潟湖特有的淡绿色光。然而，定位一个眼下还看不见的目标岛屿的主要方法是观察鸟类在日落时返回栖息地的路线。由于陆地鸟类经常会飞到遥远的海上寻找食物，所以它们能够向知识渊博的航海者揭示七八十千米之外的陆地的存在。

近年来，太平洋岛屿上的传统航海家们所使用的多种技能再次流行起来，而总部设在夏威夷的波利尼西亚航海协会一直走在这一进程的前沿。在该协会的支持下，人们驾驶着传统远航独木舟的复制品，使用古老的航海技术，进行了一些非凡的旅行。例如，其中一艘名叫"Hōkūle'a"［快乐之星，它也是大角星（Arcturus）在夏威夷语中的名字］的独木舟在2017年完成了为期三年的环游航行。

◎ ◎ ◎

除了海洋，迁徙动物面临的最大阻碍是世界上的宏伟山脉，但有些动物甚至能够应对这一挑战。

1953年珠穆朗玛峰探险队中的登山家乔治·洛（George Lowe）也是一名鸟类学家，他声称自己坐在这座山的高坡上时，看到了斑头雁在峰顶上空翱翔。后来，博物学家劳伦斯·斯旺（Lawrence Swan）描述，在一个寒冷而宁静的夜晚，当他站在位于喜马拉雅山脉海拔8463米的马卡鲁峰之下的勃润冰川（Barun Glacier）上时，听到了斑头雁从头顶飞过的声音："从南边传来的遥远的嗡嗡声变成了一种呼唤，就仿佛是从我头顶上空的星星那里传来的一样，我听到了斑头雁的鸣叫声。"

人类登山者在尝试攀登高海拔地区之前需要先让自己适应一下新环境，而与他们不同的是，斑头雁显然可以通过大幅提高心跳速率来应对极其稀薄的空气，尽管它们在穿越喜马拉雅山脉时通常沿着山谷飞行而不是越过峰顶。当今天的斑头雁的祖先首次开始迁徙时，这个巨大的山脉甚至还不存在。大约在2000万年前，随着陆地开始上升，人们认为一代又一代的大雁逐渐适应了环境对它们不断提高的要求。

9　鸟类如何找到真北?

捕食昆虫的普通楼燕（common swift）从我的窗前疾驰而过，它们尖锐的叫声似乎充满了强烈的喜悦之情。我欢迎它们的到来，因为这是夏天终于到来的第一个证明。除了筑巢和喂食幼崽之外，这些极其敏捷的飞行者很少着陆；我们现在知道，除繁殖季节外，它们可以在空中停留长达10个月。如果它们能在沿途找到充足的食物和水，那么从非洲到北欧的旅程对它们来说就没有任何问题，尽管目前人们还不清楚它们是否像一些军舰鸟那样在飞行时睡觉。

鸟类的季节性出现和消失让古人们感到困惑，他们对自己观察到的现象给出了一些奇怪的解释。亚里士多德认为，他在夏天看到的那些红尾鸲和在冬天看到的知更鸟是同一种鸟，只是样貌发生了变化：它们没有去任何地方，只是改变了身上的斑点。事实上，正如我们后来所了解的那样，这两个不同的物种向相反的方向迁徙，并交换了场地。

1555年，瑞典大主教奥劳斯·马格努斯（Olaus Magnus）写的一本书中出现了一幅木版画，描绘的是一个人在湖边用网捕捉燕子的场景。马格努斯声称，那里就是它们过冬的地方，而以这种方式捕获的鸟儿可以通过温暖恢复活力（尽管它们活不了多久）。直到1703年，一个名叫查尔斯·莫顿（Charles Morton）的英国人写了一本小册子，在其中显然非常严肃地指出，鹳是在月球上过冬。

吉尔伯特·怀特（Gilbert White, 1720—1793）是一个生活在英国小村庄塞耳彭（Selborne）的牧师，尽管他对迁徙现象感到困惑，但他毫不怀疑它的真实性。1771年，他写信给一个持怀疑态度的通信者（后者"对迁徙现象不太感兴趣"），坚持认为即使有些燕子以冬眠的方式过冬：

　　……迁徙这一方式也确实存在于某些地方，正如我在安达卢西亚（西班牙最南部的省份）的兄弟详细地告知我的那样。对于这些鸟的运动轨迹，他在春季和秋季进行了长达数周的实地观察：在此期间，无数的燕子根据季节从北向南或从南向北穿越（直布罗陀）海峡。

　　也许第一个关于鸟类长途迁徙的真正确凿的证据——对牵涉其中的鸟类而言，实在是非常艰难——是在德国北部的一个村庄里发现了一只被箭刺穿却还活着的鹳，而且这支箭毫无疑问来自非洲。这一发现是在1822年，后来这只鹳的填充标本被罗斯托克市的动物博物馆收藏，至今还能在那里看到它。这只所谓的"箭矢鹳"以及随后相当多更顽强的非洲箭的幸存者的出现，证明了一些鸟类在它们一年一度的迁徙过程中的确旅行了很远的距离。*

　　美洲传奇的鸟类学家、画家约翰·詹姆斯·奥杜邦（John James Audubon，1785—1851）为这个谜团又添了一块拼图。他那套著名的版画《美国鸟类》（The Birds of America）问世于19世纪30年代，在配文中，他描述了自己在位于宾夕法尼亚州的家附近，如何将细细的银线系在绿霸鹟（pee-wee flycatcher）巢穴里雏鸟的腿上。他观察到，在秋天南下之后，同样的鸟（通过它们腿上的银线装饰来识别）会在春天回到它们的出生地。这一证据表明，至少有些候鸟会年复一年地返回相同的筑巢地，从不爽约。

　　丹麦教师、鸟类学家汉斯·克里斯蒂安·莫滕森（Hans Christian Mortensen，1856—1921）在1899年成功进行了首次使用鸟类环志的实验。他没有使用银线，而是使用了带有识别码和返回地址的铝质金属标签。从此以后，这项技术在确定许多鸟类的迁徙模式方面发挥了关键作用。诱捕和网捕也被证明是有用的，特别是在有大量候鸟经过的迁徙热门地，例如，俄罗斯波罗的海沿岸的雷巴奇。

★　感谢我的外甥菲利普·摩根，让我注意到"箭矢鹳"的故事。

但是电子革命彻底改变了我们对动物导航的认识。雷达自"二战"期间得到发展以来，就被广泛用于监测候鸟和追踪蜜蜂与飞蛾等飞行昆虫。除了各种各样的"数据记录仪"（记录可供日后下载的信息），内置GPS芯片的追踪设备还可以将动物的准确位置实时地发送给上空的卫星，而且微型化意味着这些工具如今甚至可以用在相当小的鸟类身上。

我们如今已经进入"动物追踪的黄金年代"，并且可以期待将来会有更多发现。这些发现不仅能揭秘导航行为，还能揭示一系列重要的环境和生态问题。

大约有一半的鸟类会进行迁徙，如今我们拥有大量关于它们旅行的数据。一些鸟类在迁徙时会跨越很远的距离，北极燕鸥只是其中一个极端的例子。此外，北美洲的食米鸟（bobolink）从加拿大的繁殖地一路飞到乌拉圭。斯温氏鵟（Swainson's hawk）也遵循着类似的路线，从北美大草原成群结队地飞往阿根廷的潘帕斯草原。黑雁在高纬度的北极地区繁殖——比任何其他雁都要靠北——而其中一些黑雁会从西伯利亚东北海岸附近的弗兰格尔岛一路迁徙到墨西哥，这段旅程需要它们不间断地在太平洋上飞行4800千米。

猛禽往往避免飞越大片的水域，但有一个令人惊叹的例外，即阿穆尔隼（amur falcon），一个以昆虫为食的小型物种，夏季时在蒙古、西伯利亚和中国北方繁殖，年末时会飞行大约13000千米抵达非洲南部。这段旅程需要它们穿越印度西南部和东非之间约4000千米宽的海洋：这是所有猛禽的旅行中最长的水上旅行。它们在途中有可能是通过捕食朝同一方向迁徙的蜻蜓来补给飞行所需的能量（见第128页）。

许多候鸟以成群结队的方式迁徙，其中既有成年鸟也有幼鸟。这套系统的一大优点就是，能让幼鸟从长辈那里学习到正确的迁徙路线。*原则上，

★ 有时甚至可以诱使年轻的鸟跟随操纵超轻飞行器的人类向导飞行。这项技术已被用于保护北美极度濒危的美洲鹤（whooping crane），最近还被用来让隐鹮（northern bald ibis）回到其在欧洲的传统繁殖地。一群鸟儿忠实地跟随人类飞行员的景象当然令人动容，不过和人类如此密切的接触很可能会削弱这些鸟类成功抚育自己雏鸟的能力。

这些物种的成员可以完全依赖后天习得的地标信息来找路，因为每一代成年鸟都把自己的知识传给了下一代。但是，很难想象那些长距离飞越大洋的鸟类是如何依赖这种技术的，而单独飞行的鸟类显然不能做到这一点。

孤独的年轻杜鹃

并不是所有的年轻候鸟都能得到"成年向导"的帮助。当一只年轻的欧洲杜鹃离开它养父母的巢穴时，它的生物学父母早已前往非洲南部和中部的越冬地。因此，这只幼鸟必须自己找路。和许多其他迁徙物种一样，杜鹃在夜间旅行，部分原因是空气更凉爽（对飞行中的鸟类而言，温度过高可能是一个严重的问题），另一部分原因是为了躲避捕食者的注意。对一只以前从未走过这段路的年轻杜鹃来说，它显然无法遵循已掌握的路线飞行，那么它会使用什么导航技术呢？

长期以来，人们一直认为年轻杜鹃依赖于某种与生俱来的指引系统，而该系统基本上可以为它们指出正确的方向，并告诉它们应该在这一方向飞行多长时间。理论上，这种"时钟和罗盘"系统至少能让它们大致抵达正确的区域，但这与最近的一项追踪实验的结果并不相符。

该实验表明，年轻的杜鹃会沿着一条狭窄到令人惊讶的"走廊"飞行，并沿途在相同的集结区停留休息和补充食物。在飞行了5000多千米后，研究人员们发现，每只鸟之间的平均距离只有164千米。这些观察结果表明，其他因素可能也有影响，其中也许包括某种遗传能力，让它们能够识别标志着正确路线的主要景观特征。

年轻杜鹃非凡的航海技能仍然是个谜，但这些鸟和其他孤独的迁徙鸟类以及那些可以在毫无景观特征的大洋上长途旅行的鸟类一样，至少可以使用某种罗盘，让它们能够设定并保持一个稳定的前进方向。

正如我们从昆虫身上了解到的那样，一种可能性是这样的罗盘可能基于天文线索，换句话说，也就是可以在天空中观察到的模式。

北半球的鸟类可以利用北极星。它的方位始终是正北（真北，而不是磁北——磁极是移动的，目前距离地理极点约500千米）。这意味着如果你正直视它，那么你一定是在往北走；而如果它在你的右边，那你一定是在往西走，以此类推。因此，只要确保北极星的相对方位保持不变，一只鸟就可以在任意方向上保持稳定的飞行，不需要使用任何形式的时钟，或进行任何计算。埃姆伦漏斗是研究鸟类迁徙行为中最广泛使用的工具之一，由斯蒂芬·埃姆伦（Stephen Emlen）发明，是一件简单到近乎荒谬的装置，它利用了这样一个事实，即那些被捕获的鸟会反复尝试朝它们喜欢的迁徙方向逃跑。在传统的埃姆伦漏斗中，这只鸟站在漏斗狭窄一端的墨水印台上，当它上下跳跃试图飞走时，它的脚会在漏斗侧壁的衬纸上留下墨痕。而由此产生的涂鸦则被认为展示了它想去的方向。

20世纪50年代末，弗朗茨·绍尔（Franz Sauer）萌生了一个机智的主意，那就是测试鸟类对星象仪呈现的星空模式的反应，并根据一个诚然很小的样本得出结论，鸟类能够很好地利用这些模式来导航。后来埃姆伦使用他著名的漏斗所做的研究表明，靛蓝彩鹀（indigo bunting）虽然没有明确地关注任何一颗星星，却能够探测到北极星周围星星的旋转模式。

靛蓝彩鹀能够识别出这种旋转模式的中心，而各恒星在其中的具体位置并不会对此造成干扰。当这些鸟看到夜空是围绕着参宿四（Betelgeuse，猎户座内的一颗明亮恒星）而不是北极星旋转时，它们完全没有受到影响，并相应地调整了方向。事实上，当它们看到星星的视线被遮挡时，它们会迷失方向，这表明了这些模式对它们的重要性。因此，也就很容易理解为什么光污染会对它们造成如此大的危害：它们只有在看得到星星的情况下，才能利用其进行准确导航。

许多其他在夜间迁徙的鸟类似乎也以同样的方式寻找真北。这套系统的最大优点就是,一旦掌握,就很容易使用,而且和太阳罗盘不同,它不需要任何形式的时间补偿。然而,目前还不清楚鸟类是如何学会识别夜空中的这些模式的。很难相信它们可以感知到星星在移动,因为这种运动是如此缓慢,不过它们也许能够通过对比固定时间间隔的夜空"快照"来推断出这一点。

◎ ◎ ◎

早在20世纪30年代,生活在威尔士西南海岸附近的斯考哥尔摩岛(Skokholm)上的鸟类学家兼作家罗纳德·洛克利(Ronald Lockley)就证明了大西洋鹱(Manx shearwaters)能够进行惊人的长途旅行。他将两只大西洋鹱从斯考哥尔摩岛空运到威尼斯(一个它们通常不会去的地方)。然而,其中一只鸟仅用了短短两周的时间就返回了自己的巢穴。

但这和1953年发生的事情相比根本不算什么,当时洛克利说服来访的音乐家罗萨里奥·马泽奥(Rosario Mazzeo)在返回美国时带上几只大西洋鹱:"那天晚上,我乘坐卧铺火车离开彭布罗克郡的滕比(Tenby)前往伦敦。这些鸟给隔壁房间的人们带来不少惊喜和欢乐,他们无法理解为什么我的房间在晚上会传出喵喵和咯咯的声音。第二天,这些鸟被留在了纸箱里,每只鸟都有自己的隔间。到了晚上,我登上前往美国的飞机,并将这些鸟放在我座位下面。"

遗憾的是,只有一只鸟在这段压力颇大的旅程中存活下来,马泽奥在抵达波士顿后立即将它释放。从那里到斯考哥尔摩岛的距离差不多有5000千米,但这只鸟(脚上戴着标记环)只用十二天半的时间就返回了它的巢穴。实际上,当它到家的时候,马泽奥报告它被释放的信件还没有送达。因此,这也就可以理解为什么人们发现它回来时会"震惊了"。

10　仰望天空的蜣螂

在法国南部闲逛了半小时的我被一只闪闪发亮的黑色蜣螂迷住了，当时它正不知疲倦地试图将粪球推上一个狭窄而陡峭的坡。一次又一次，每当粪球快接近顶部时，就会失去控制，因此它不得不回到下面重新开始，但最终它成功了，我简直想为其鼓掌。

古埃及人崇拜蜣螂，认为它象征着太阳神凯布利（Khepri）——他将太阳从地下世界滚到了东边天空。研究了它们多年的埃里克·沃兰特对蜣螂几乎表现出了同样的钦佩之情："它们的意志力是如此坚定。这也是为什么与它们一起共事会如此美妙。在很多方面，它们就像小型机器——随时随地都在滚动粪球。"

沿直线滚粪球听上去可能不太像一项令人难忘的壮举。但请记住，蜣螂首先需要将粪便滚成一个精确的球体（否则它根本滚动不起来），然后它还需要用它最后面的那两条腿向后操纵粪球，穿过可能非常不平坦的地面。

在过去的20年里，沃兰特和他的同事玛丽·达克（Marie Dacke）开展了一系列关于蜣螂导航的有趣实验，这些实验引起了公众的广泛关注，并有一项获得了搞笑诺贝尔奖*。该主办单位每年都会在波士顿举办颁奖仪式，以表彰那些"乍看之下令人发笑，之后发人深省"的科学研究。而设立它的初衷是鼓励人们关注我们周围世界的奇异之处，以及研究这个世界的科学家们的非凡且通常相当古怪的奉献精神。

尽管这一奖项不应该被太当真，但它以自己的方式在业界享有很高的

---

* 搞笑诺贝尔奖是对诺贝尔奖的有趣模仿。其名称来自"Ignoble"（不光彩的）和"Nobel Prize"（诺贝尔奖）的结合。主办方为《科学幽默杂志》（*Annals of Improbable Research*，AIR）。

声望，而且总是有真正的诺贝尔奖得主出席颁奖典礼。当沃兰特和他的团队上台领奖时，还有一个小女孩站在台上，每个获奖者都会向广大观众发表简短的演讲，以介绍他们的研究。这个小女孩的任务就是，当她觉得演讲者的内容变得无聊时，就让他们闭嘴。沃兰特是少数几个演讲未被打断的人之一。

在沃兰特的科研生涯之初，他研究的是蜣螂在黑暗中如何看东西。当时非洲蜣螂（也被称为"圣甲虫"）被引入澳大利亚是为了解决早期进口动物（牛）所带来的问题，因为当地的蜣螂只习惯于处理袋鼠的粪便，它们不知道该如何处理堆积如山的牛粪，而这些牛粪给当地农业造成了严重的损失。对初来乍到的非洲蜣螂来说，澳大利亚一定像天堂一样——堆积着大量粪便，而且没有竞争对手。它们开始迅速而高效地掩埋自己的当地表亲一直视而不见的东西，从而恢复了澳大利亚牧场的生产力，而且显然没有给其他动物带来任何麻烦。

1996年，沃兰特在南非的克鲁格国家公园（Kruger National Park）参加了一场关于蜣螂生态学的会议。在那里，他第一次听说滚粪球的蜣螂。和他所熟悉的那些甲虫不同，这些甲虫会将粪便铲起，并娴熟地将其塑造成小球，然后以最快的速度滚走。之后，它们会吃粪球或者在里面产卵，然后再将其掩埋起来，作为孵化出的幼虫的食物。

沃兰特记得自己听到演讲者说："太神奇了，它们总是沿直线滚粪球，我不知道它们是怎么做到的。"他坐在观众席里兴奋地思考着："我知道，我知道：它们一定是利用了夜空中的偏振光模式！"他举起手，问了一个问题，然后他的职业生涯就此改变了。

沃兰特和他的同事很快就证明了滚粪球的非洲蜣螂拥有可以探测偏振光的背部边缘区域，就像沙漠蚂蚁一样。后来，他和玛丽·达克开始探索这些甲虫在实际生活中如何用它来导航。很显然，这些甲虫之间争夺粪便的竞争是如此激烈，为了能带着战利品快速逃离，蜣螂必须尽可能沿直线将粪球从粪便堆上滚走。否则，它就有可能会与其他蜣螂发生冲突，并被抢走宝贵的货物。出发前，蜣螂会爬上它新塑造的粪球的顶部，表演一种奇特的圆圈舞，而在这一过程中，它会仔细地观察头顶上方的天空。

许多昆虫都在夜间活动，虽然它们的复眼在弱光条件下极为敏锐，但其视觉远不如鸟类或人类。因此，虽然它们在黑暗中的视力比我们更好，但它们眼中的世界比我们看到的要模糊得多。蜣螂能否看到许多单独的星星值得怀疑：也许那些明亮的星星除外。

最显而易见的可能性是它利用了夜空中最亮的光源，即月亮。由于蜣螂的觅食活动持续时间很短，所以它不需要考虑月亮方位的变化，但月亮仍然是一个变幻莫测的向导。它的相位不断变化，所以它反射的日光量差异很大，而且它每天升起和落下的时间也不一样。让事情变得更复杂的是，每月（阴历）都有几个晚上，"新月"在天空中和太阳离得太近，以至于根本看不见它。即便是满月时的光照强度也远远低于太阳，尽管它们的光谱大致相同。月光也含有紫外线，因此从理论上讲，你也可能会被月光灼伤，但这需要很长时间的照射。

蜣螂很好地适应了月亮的这种多变。首先，与其说它依赖月亮圆盘本身作为引导，不如说它更多地依赖月光的偏振模式（电矢量），就像蜜蜂和沙漠蚂蚁在白天利用太阳的偏振光一样。

在沃兰特和达克进行实验的南非地区，完全阴云密布的夜晚并不常见，但如果没有月亮，这些甲虫该怎么办呢？

关于蜣螂可以利用偏振月光设定路线这一发现引起了巨大的轰动，描述它的论文被发表在知名的科学期刊《自然》上。然而，几年后，沃兰特和达克却遭受了一场巨大的打击。一个晴朗的夜晚，他们在喀拉哈里沙漠边缘安营扎寨。漆黑的天空布满了星星，他们正在等待月亮升起，以便开始新的实验。

沃兰特向我描述了接下来发生的事情：

> 我们在外面放了些粪便，以便诱捕一些蜣螂，结果它们很快

就飞了过来。然后它们开始做粪球——这些家伙！它们竟然在没有偏振光的情况下将粪球沿着完美的直线滚走了……我们俩变得非常紧张，因为突然之间，仿佛有人在我们耳边大喊："《自然》撤稿，《自然》撤稿！"

因为一篇文章被证明是不准确的而被迫从科学期刊上撤回，是一种公开的羞辱，而从《自然》这样的顶级期刊上撤稿是最糟糕的。"当时我们喝了不少酒。"沃兰特回忆道，但最终他们两人又有了一个新想法：

等等，天空中有一条巨大的光带！银河。也许它们在利用那个作为向导——它们有可能在用那个吗？这附近没有别的东西可供它们使用了。

给蜣螂戴帽子

为了验证他们的新想法，沃兰特和达克首先给蜣螂戴上小纸板帽，这样它们就看不到天空了。然后，与视野通透时相比，它们在保持直线行进时遇到的困难要大得多。当透明的塑料帽代替纸板帽时，它们又能很好地行进了，所以显然不是帽子这一累赘妨碍了它们的进程。下一步是在一个圆形台子上测试这些甲虫，台子四周被高高的屏障环绕，阻止它们看到任何地标。他们还移走了记录蜣螂运动的头顶摄像机，以防为它们提供某种定向信息。

他们将一只蜣螂和一个粪球一起放在台子中央，然后记录蜣螂抵达场地边缘所需的时间。台子边缘有一条环形凹槽，蜣螂掉进凹槽里的咔嗒声会告诉他们它的抵达时间，而它所用的时间则暗示了它走的线路有多直。在这些条件下，他们能够证明这些甲虫确实需要看到星空才能保持直线行进，尽管有月亮存在时，它们的表现会更好。然而，在多云的天空下，它们会迷失方向。

接下来，他们将蜣螂和圆形台子放到星象仪之下。一种情况下，这些动物可以看到满天繁星的夜空，包括一条模仿银河的长长光带，但没有月亮。另一种情况下，它们只能看到有银河的夜空。当它们看到有满天繁星和银河的夜空时，它们滚粪球的表现不比看到月亮时差多少。当只有银河的夜空出现时，它们的表现几乎一样好。然而，当这些被折磨许久的甲虫在没有银河但可以看到4000颗暗淡星星的夜空下时，它们的表现就大大退步了；当夜空只剩下18颗向导星可用时，情况变得更糟了。

因此，看起来这些甲虫并没有利用任何一颗单独的向导星。正如达克所声称的那样："这一发现第一次有说服力地证明了昆虫使用星空定向，并提供了第一个关于动物使用银河定向的文献记载。"

虽然单独的向导星对蜣螂来说没有多大用处，但沃兰特告诉我，目前仍不清楚蜣螂是否真的能看到它们。不过，他认为它们或许可以看到，他希望自己能够通过记录蜣螂眼睛中单个感光细胞的反应来搞清楚这一点，就像他对汗蜂所做的那样。

蜣螂并不是唯一能借助月光调整行进方向的节肢动物。大黄夜蛾（large yellow underwing moth）显然也能做到这一点，跳虾（sandhopper，一类生活在海边的小型甲壳类动物）也可以。这些与木虱有着亲缘关系的动物的名字起得很贴切，因为它们的自然逃逸反应是通过弯曲它们的甲壳将自己疯狂地推向空中。如果你曾经堆过沙堡，那你很可能遇到过它们，尽管它们的数量在很多地方都在减少。

为什么跳虾这类体形微小但显然很原始的动物会关心月亮的位置？答案并没有那么显而易见。因为它们对水分极为挑剔。它们如果脱水了，就会死去，但如果它们被海水淹没，也会死去。因此，随着潮汐的涨落，它们需要不断地来回移动，而且在夜间觅食探险结束后，它们还必须能够找到返回潮湿沙滩的路。当然，朝着正确的方向前进是绝对至关重要的。跳虾就是节肢动物界的"金发女孩"（Goldilocks）。

早在20世纪50年代，意大利科学家利奥·帕尔迪（Leo Pardi, 1915—1990）和弗洛里亚诺·帕皮（Floriano Papi, 1926—2016）就有了一个非凡的发现，即跳虾根据需要，同时使用太阳和月亮作为罗盘，以帮助它们靠近或远离海洋。这种能力显然依赖两个独立的时钟：一个根据太阳的每日运动来校准；另一个根据略有不同的月亮周期来校准。

跳虾的太阳罗盘位于它的大脑中，月亮罗盘则基于它的触角。而控制这些过程的机制显然是与生俱来的，因为圈养的跳虾总是会朝与它们的起源地相吻合的方向移动。这意味着那些祖先生活在朝南海岸的跳虾总是倾向于向南寻找大海，反之亦然。

◎ ◎ ◎

目前，除人类外，只有一种动物被证实拥有借助单颗恒星导航的能力，而不是根据群星环绕天极的模式，尽管这种能力并不是很强。这种动物就是斑海豹。一项只涉及两只动物（名叫尼克和马尔特）的研究曾在一个特制的带泳池的星象仪中进行。

这两只斑海豹都被训练从北半球夜空的投影中识别一颗"向导星"（天狼星），并通过游到它正下方的泳池边缘来指示它的位置。最终，它们都能以一定的精确度完成这一壮举，可靠地指出天狼星的大致方位（误差在一两度之内）。根据这些发现，该研究的发起者们认为，斑海豹或许能够开发出某种类似于密克罗尼西亚和波利尼西亚领航员使用的恒星罗盘系统。

我们认为，海洋哺乳动物也许可以学会从夜空模式中识别向导星，并将这些向导星用作遥远的地标……以便在开阔的海域中辨明行进方向。这至少是一种可能的离岸定向机制，直到抵达海滨地区这样的大范围目标，然后用与目的地相关的陆上定向机制纠正它们的游动方向。

　　这是一个很吸引人的想法，如果属实的话，可能有助于解释有多少海洋动物会导航，但（用惯用的科学措辞来说）还需要更多的研究来证明。

11 巨大的孔雀蛾

"快来啊，快来看看这些蛾子，它们跟鸟一样大！"法布尔的小儿子保罗一边叫喊着，一边兴奋地冲进了父亲的房间。巨大的雄性孔雀蛾*几乎占领了整栋房子。女仆疯狂地驱赶它们，以为它们是蝙蝠。法布尔手持一根点燃的蜡烛向工作室走去，而当天早些时候，他将一只刚孵化出来的雌蛾囚禁在了房间里一个薄纱奶酪罩之下：

> 我们看到的景象令人难忘。这些大蛾子轻轻地拍打着翅膀，围着罩子飞来飞去，落下，起飞，折回……猛地冲向天花板，又从天花板上飞快地俯冲下来。它们扑向蜡烛，用翅膀一扑棱将烛火扑灭；它们撞上我们的肩膀，撕扯我们的衣服，扫过我们的脸颊。这里就像死灵法师的巢穴，盘旋着成群的"蝙蝠"。震惊之下，小保罗紧握我的手时所用的力气比平时大得多……实际上，这里至少有40只从四面八方赶来的"多情种"，我也不知道它们是怎么得到消息的，总之，它们下定决心要向那天早上诞生在我工作室神秘内部的适婚雌蛾求爱。

让法布尔纳闷的是，在这个温暖的普罗旺斯之夜，是什么奇怪的力量将这么多热情的蛾子吸引到他的家里。他合理地推断，雌蛾释放的某种气味是关键，而雄蛾复杂的多褶边触角可能是它们探测这种气味的工具。我们现在知道，这样的雄蛾可以在几千米之外捕捉到潜在配偶释放的性外激素的气味，并能顺着它一路追踪到源头。很多昆虫依赖气味来寻找配偶、确定食物的位置，或者寻找合适的产卵地。

---

* 拉丁学名是 *Saturnia pyri*，它的翼展达20厘米。

因为昆虫追踪的气味羽流在扩散时稀释得非常快，所以它们最开始可能是在对单个的气味分子做出反应，但是这些气味羽流经常会在移动的气流中被完全分解。因此，寻找空气中气味的来源并不像人们曾经认为的那样，是一件简单的事——只是沿着越来越强烈的（浓度梯度）气味踪迹追溯其源头。

昆虫到底是如何克服这一困难的感知挑战的，这一话题引发了大量争论。除了在跟丢气味踪迹时左右摇摆以重新定位气味之外（而且通常是迎风飞行），法布尔的孔雀蛾可能还利用了它们从两只异常敏感的触角所接收到的不同信号。

蜜蜂会根据经过它们每只触角周围的空气中化学成分的不同而改变路线，果蝇也是如此。最近对令人敬畏的沙漠蚂蚁所展开的实验表明，它不但利用嗅觉线索寻找自己的巢穴（除了我们前面讨论过的所有视觉线索之外），还需要同时使用两只触角才能有效地做到这一点。对各个触角输入信号的比较过程被形象地描述为"立体嗅觉"，它甚至可以为动物提供一种"气味罗盘"。

20世纪40年代，作为一名年轻的研究人员，亚瑟·哈斯勒（Arthur Hasler）试图证明鱼类是如何利用气味来区分植物的。康拉德·劳伦兹的研究——他当时发现了"印随"（imprinting）现象，这是一种快速且不可逆转的学习方式，会在某些动物物种中产生刻板的行为模式——给他留下了深刻印象。劳伦兹的著名实验展示了刚孵化的小鹅会对它们看到的第一个移动物体产生记忆并盲目地跟随它，即便这个物体是一名穿着及膝胶靴的科学家，而不是鹅妈妈。

哈斯勒对成年鲑鱼的生活方式也很感兴趣，这些鲑鱼会花几年时间在广阔的海洋里觅食、生长和成熟，然后回到它们出生的溪流中繁殖。通过给幼鱼做标记并重新捕获它们，这一点已经得到了充分证实。但它们是如何完成这一非凡壮举的，在当时仍然是个谜。

哈斯勒在犹他州偏远的沃萨奇山徒步时，经历了一次启发性的体验：

> 我走近一条被悬崖完全挡住视线的瀑布；然而，当一阵夹带
> 着苔藓和楼斗菜香味的凉风扫过岩石桥台时，这条瀑布的细节以
> 及它在山间岩壁上的背景突然跃入我的脑海。事实上，这种气味
> 是如此令人难忘，以至于它唤起了我对童年伙伴和早已从有意识
> 的记忆中消失的事迹的大量回忆。
>
> 这种关联是如此强烈，以至于我立即将它应用在了鲑鱼归巢的
> 问题上。这种联系还使我形成了一个假设，即每条溪流都含有某种
> 特殊的气味，鲑鱼在迁徙到海洋之前就已经对这种气味有了记忆，
> 并在之后从海洋返回时将这种气味用作识别其出生支流的线索。

基于这一观点，哈斯勒和他的同事们通过一系列巧妙的实验证明了鲑
鱼大体上可以对其出生溪流中的特有气味进行印随学习，并利用这些气味
线索找到从海洋回家的路。

20世纪70年代，哈斯勒成功地将在孵化场饲养的鲑鱼吸引到了散发着
两种合成化学物质气味的河流中，几年前，它们曾短暂接触过这两种化学
物质。在此期间，这些鲑鱼不可能体验得到这两种气味中的任何一种，但
仍然保留着对它们的记忆。后来的事实证明，这种技术对吸引鲑鱼回到已
被清理干净的五大湖非常有用——过去，它们因污染而被迫离去。

归巢鲑鱼依赖嗅觉信号，这一观点如今已经得到充分证实。但是在野
外，气味的组合很可能在鲑鱼生活史的不同阶段发挥作用。在沿着河流上
下旅行的过程中，它们可能遵循了一系列不同的"嗅觉航路点"。

至于人类，我们可以区分好气味和坏气味，但通常很少有人会经常留
意嗅觉信息，至少不会有意识地这样做。视觉和听觉主导了我们的注意力。

然而，如果环境合适，我们可以很好地利用气味来导航。当夜幕降临
菲律宾吕宋岛海岸时，我记得我们乘坐的游艇还在远处的海面上时，我就
闻到了潮湿和腐烂的浓烈气味。一阵柔和的陆风将这股气味从仍然隐藏在

黑暗中的丛林覆盖的群山吹向我们。如果我们还不确定自己的位置，那股充满异国情调的气味就会告诉我们，我们已经接近那座岛了。即使温度更低的水域，气味也能发挥作用。海鸟粪的臭味显然可以揭示隐藏在浓雾或黑暗中的冰山的存在，尽管我从未有过这样的经历。这样的提前预警肯定拯救过不少水手的生命。

20世纪的航海家哈罗德·盖蒂（Harold Gatty）讲述了一个名叫伊诺斯·米尔斯（Enos Mills）的登山向导的故事，他在落基山脉中海拔3650米的高地独自旅行时患上了雪盲症，而此时距离最近的人类定居点还有好几千米远。如果发现自己陷入如此绝望的境地，我们大多数人都会恐慌的，但米尔斯很冷静："我的思维非常清醒。我从未想过会有致命的可能。"

他什么也看不见。小径被厚厚的积雪掩埋了，但是他的脑海里有一张清晰的地图，告诉他该往哪儿走。他穿着雪地鞋一步一步地挪动，用手杖寻找树木，触摸树皮，寻找他外出时用斧头砍的记号。

从一场险些丧命的雪崩中幸存下来，然后爬过一些大岩石并艰难地穿过茂密的灌木丛之后，米尔斯闻到了熟悉的杨木燃烧的味道。当他稳步迎风前进时，气味逐渐增强。最后，仍然看不见东西的米尔斯停下脚步，听到了人类生活的声音。就在这时，他听到一个小女孩轻声地问他："你今晚要住在这儿吗？"

达尔文、性和狩猎

亚里士多德经常因为其对鼻子的轻视而受到指责。*他对我们的嗅觉不

---

* 嗅觉和味觉密切相关，但依赖不同的感觉器官——分别位于鼻子和嘴里。它们结合在一起，产生了我们感知到的"风味"。在这里，我将只专注于气味。

屑一顾，并武断地宣称人类的嗅觉"辨别能力较弱，而且总体上不如许多动物的嗅觉"。在他看来，嗅觉的唯一作用就是在食物变质时提醒我们，以保护我们的健康。

但是法国人类学家、神经解剖学家保罗·布罗卡（Paul Broca, 1824—1880）也应对此负责。相当奇怪的是，布罗卡关于人类嗅觉的观点和他的宗教怀疑论有关。作为达尔文思想的倡导者，布罗卡认为，人类的"开明智慧"和上帝赐予的灵魂无关，而是取决于我们大脑中尺寸异常巨大的额叶。此外，和大多数其他动物不同，我们不受自身嗅觉的支配，这意味着我们可以选择自己的行为方式。

因此，我们备受推崇的"自由意志"不过是在嗅觉方面缺乏天赋的结果。罗马天主教会认为这并不好笑。

布罗卡的观点基于这样一个观察结果，即人类的嗅球（大脑中负责接收来自鼻子中气味感受器的信号的部分）在整个大脑中所占比例很小。在这方面，我们与狗或大鼠等"低等"动物截然不同，布罗卡认为，这些动物受制于它们的嗅觉器官。这是一个简单而错误的观点，而从那时起，人们就宣称人类的嗅觉很弱（该观点被后来的几代科学家不加批判地采用）。一旦这一伪科学站稳脚跟，它就会被一遍又一遍地重复。

达尔文本人认为嗅觉对人类"只有极小的用处"，他怀疑人类的嗅觉是从处于"虚弱"和"原始条件"下的"某些早期祖先"那里遗传来的。不过，他确实承认嗅觉"在让人生动地回忆被遗忘的与场景和地点相关的想法和图像方面非常有效"。西格蒙德·弗洛伊德在传播这一错误观点的过程中也发挥了作用，他声称虽然其他动物的嗅觉能唤起本能的性冲动，但人类嗅觉的弱点导致了性压抑和精神障碍。

亚里士多德、布罗卡、达尔文和弗洛伊德对嗅觉的看法都是错误的。虽然20世纪20年代的一些粗略计算表明，我们只能区分1万种不同的气味，但我们其实可以做得更好。实际上，最近的一项研究表明，这个数字应该修正到至少1万亿（1后面有12个零）。

　　尽管这一发现在方法论上也受到了质疑，但我们的嗅觉远没有那么弱。正如一名专家最近观察到的那样：

　　　　嗅觉系统完好的人类几乎可以探测到所有多于一两个原子的挥发性化学物质，以至于记录某些人闻不到的少数气味现在已经成为科学研究的一个兴趣点。

　　根据杰出的嗅觉科学家杰伊·戈特弗里德（Jay Gottfried）的说法，化学感官（嗅觉和味觉）在大约10亿年前就出现了：

　　　　对在前寒武纪的化学物质混合液中挣扎生存的细菌来说，嗅觉代表了一种敏锐的（虽然是初级的）生物适应能力，足以对化学物质中的糖、氨基酸以及其他小分子进行检测……昆虫、啮齿类动物和犬科动物都拥有异常灵敏的嗅觉，就连人类的嗅觉也令人惊讶：人类可以区分两种仅相差一个碳原子的不同气味，而且能够比大鼠更敏锐地检测到某些气味。

　　与巨大的大脑相比，人类的嗅球可能很小，但从绝对意义上来讲，它是相当大的（比大鼠和小鼠的嗅球更大），而且包含异常多被称为"小球"（glomeruli）的关键处理单元。事实上，虽然狗的嗅觉感受器的数量大约是人类的10倍，但我们拥有更多的嗅小球。此外，人类的嗅球有一条与前额皮层相连的热线，即大脑中控制高级决策过程的部位。因此，嗅觉不同于我们的其他感官，而所有其他感官都会先将信号发送到大脑中名为丘脑的部位（它起着过滤器的作用，决定哪些信号值得我们有意识地关注）。

　　这还不是全部。和其他动物相比，人类大脑的很大一部分用于分析和解释来自嗅球的信息。即便是基于不完整的信号，我们也能辨别某种独特的气味，因为我们的大脑可以"填补空白"，而且我们还会将不同的气味整合到充满意义和情感的"感知整体"中。

　　马塞尔·普鲁斯特（Marcel Proust）就曾在他的著作中写过这样一个整

合过程:

> 带着点心渣的那一勺茶碰到我的上颚，顿时使我浑身一震，我注意到我身上发生了非同小可的变化。一种舒坦的快感传遍全身，我感到超尘脱俗，却不知出自何因……这感觉并非来自外界，它本来就是我自己……然而，回忆却突然出现了：那点心的滋味就是我在贡布雷时某一个星期天早晨吃到过的"小玛德莱娜"的滋味……她把一块"小玛德莱娜"放到不知是茶叶泡的还是椴花泡的茶水中浸过之后送给我吃。

根据杰出的神经学家（也是美食家）戈登·谢泼德（Gordon Shepherd）的说法，我们之所以能够使用这套极为复杂的机制，是因为处理嗅觉信号"赋予了人类比其他动物更丰富的气味和味道世界"。

露西娅·雅各布斯（Lucia Jacobs）是加州大学伯克利分校的心理学教授，也是精力充沛的改革者，她呼吁人们关注嗅觉和味觉的重要性——不只是对人类而言，而是整个动物世界。

雅各布斯告诉我，这两种密切相关的化学感觉在我们的生活中扮演着非常重要的角色，尽管我们常常没有意识到它们对我们的影响。例如，女性更倾向于选择与那些和她们自身的免疫系统有着巨大差异的男性做伴侣。这种无意识的偏爱是有道理的，因为这样可以产生更健康的后代，而这种免疫系统的差异表现在男性所散发的气味上。还有什么比这更重要呢？我们每个人所散发的独特的"体味鸡尾酒"也传达了其关于焦虑和攻击力水平的信息。也许这就解释了为什么我们在与陌生人握手之后会不自觉地闻自己的手。

我们低估自己嗅觉能力的一个原因是我们的鼻子离地面太远了，这意味着我们会注意不到很多我们原本能闻到的气味。但如果你愿意模仿一条狗不知疲倦地到处嗅探，你会惊讶地发现原来有那么多东西。利用这一技能，巴西的博托克多（Botocudos）部落和马来半岛的土著居民可以狩猎和追踪猎物，连加利福尼亚州的学生在俯身跪下时，也出奇地擅长追踪气味的痕迹。

雅各布斯本人已经证实，没有视觉和听觉线索的人可以通过独特的混合气味来识别某个位置，然后他们仅凭嗅觉就能找到返回该地点的路。正如她所评论的那样，这是一个令人惊讶的发现，因为"我们认为，就算人类有很好的嗅觉，他们也不会用它来导航，而是用其来辨别气味"。

正如雅各布斯精辟地表达的那样，我们"被视觉蒙蔽了"。视觉是我们的"默认模式"，支配着我们的感官世界。我们对它的严重依赖也限制了我们对可能性的想象力，无论是对我们还是对我们的动物近亲来说都是如此。这种缺陷尤其与导航主题相关。

在雅各布斯看来，嗅觉是脊椎动物的"基本命令行"。她指出，气味是"无限组合的"，这意味着存在无限种可能的气味，并且原则上每一种气味都可以用作独一无二的信标或地标。而那些能被远距离探测到的气味则可以为动物提供宝贵的方位信息——甚至可以作为某种地图的基础。当动物们发现自己身处完全陌生的环境中时，这可能会特别有用。

◎ ◎ ◎

许多生活在陆地上的哺乳动物似乎都很擅长归巢，即使距离相当远。这份名单上有鹿、狐狸、狼、北极熊和灰熊，更不用说狗和猫了。

关于77头被有意从它们的栖息地转移走的美洲黑熊（American black bear）的追踪数据为这一课题提供了一些有趣线索。当时，这些被麻醉的、失去意识的黑熊平均被"转移"了100多千米（足以将它们带离熟悉的领地）。

研究人员记录了黑熊被释放后的行进方向，如果它们出现在距离最初捕获地最多20千米远的地方，就判定为成功归巢。这些熊在行进方向上表现出了强烈的回家倾向，其中34只熊在被射杀、被捕获或者无线电项圈失灵之前返回了。另外，还有一只熊从271千米之外成功返回。平均而言，这些熊花了近300天的时间完成它们的旅程，但令人沮丧的是，它们是如何找到回家之路的仍然是个谜。

12　鸟类可以闻出回家的路吗？

　　我首次接触信鸽那令人费解的导航能力是在比萨一所大学的办公室里，从那里可以俯瞰阳光明媚的植物园，距离著名的斜塔不远。

　　保罗·卢斯基（Paolo Luschi）和安娜·加利亚尔多（Anna Gagliardo）都是已故的弗洛里亚诺·帕皮的学生，我们在前面讨论过帕皮对跳虾的研究。帕皮是在我来访意大利6个月前去世的，他十几岁时就加入了游击队，与当时占领意大利的纳粹军队作战。战争中，他曾来回地传递机密信息，如果被抓到的话，很有可能会被当作间谍枪毙。战后，作为对他英勇贡献的奖励，帕皮获得了在比萨高等师范学校（Scuola Normale Superiore）学习的奖学金，并在后来成为研究扁形虫和萤火虫光通信方面的专家。但来自厄尔巴岛的帕皮是一名狂热的水手，这促使他将注意力转向了动物导航。

　　同时与达尔文提出自然选择理论的阿尔弗雷德·拉塞尔·华莱士（Alfred Russell Wallace，1823—1913），早在1873年就提出动物可以借助嗅觉找到回家的路：

　　　　……许多动物拥有沿着它们被遮住视线时走过的路时（例如，被装在马车里的篮子里）找回去的能力，这通常被认为是动物本能的一个确凿无疑的例子。但是在我看来，处于这种境况下的动物会……留意沿途的连续气味，这将在它们的脑海中留下一系列清晰而突出的图像，就像我们通过视觉接收到的图像一样。这些气味以相应的相反顺序重现——每一座房屋、每一条沟渠、每一片田野和每一个村庄都有其鲜明的个体特征——使动物能够很容易地沿着同一条路线返回，无论它们需要经过多少个转弯和十字路口。

尽管华莱士的声望很高，但其他科学家并没有急于探索他的理念。但在20世纪70年代，帕皮接受了挑战。他注意到，尽管人们已经注意到神秘的"大气因素"的重要性，但还没有人研究过气味在信鸽的导航系统中发挥作用的可能性。

当时，研究鸟类导航的学者们几乎把注意力全部集中在了天文线索的使用上，尤其是太阳罗盘。而鸟类一般被认为不太善于使用嗅觉，甚至没有特别灵敏的鼻子。因此，当帕皮剥夺了鸽子的嗅觉（或让它们"嗅觉缺失"），然后发现它们无法从一个位于佛罗伦萨鸽舍以西54千米远的陌生地点找到回家的路时——这段旅程在正常情况下不会给它们造成任何困难——他感到非常惊讶。

帕皮将这些令人费解的结果解释为证据，表明这些鸽子非常密切地关注着吹过它们鸽舍的各种气味。他认为，它们会把不同的气味和当时的风向联系在一起。鸽子能在放飞地识别出众多独特气味中的某一种，接下来它会回忆自己在鸽舍里时这种气味被风吹来的方向，然后根据回忆的结果，它会朝着与之相反的方向设定归巢路线。这听起来很奇怪，但从原则上讲，这就像先用指南针确定某个遥远地标的方位，然后抵达那里，接着再遵循反向路线返回起点。

由此诞生了"嗅觉导航假说"。但是，任何有用的长途导航信息都可以从气味中获得的观点遭到了质疑。根据加利亚尔多的说法，帕皮曾开玩笑地说，就连他妻子也拒绝相信这一点。

一开始，几乎没有人能接受嗅觉能在跨越数十千米的距离范围内有效地发挥作用。最多的反对意见是，湍流必然会将空气混在一起，因此当任何远程嗅觉信息抵达鸟类的鼻孔时，都将变得无可救药的混乱。同样令人不安的是，意大利以外的很多科学家难以重现帕皮的实验结果。

有一个非常合理的担忧最初是由帕皮本人提出的，即剥夺鸟类嗅觉的手术*可能会使它们感到非常困惑或者痛苦，以至于无法再注意任何类型的导航线索（气味或者其他线索）。然而，事实似乎并非如此。很多实验表明，被剥夺嗅觉的鸽子可以成功导航，如果它们被放飞到熟悉的区域，在那里，它们就能利用地标信息找到回家的路。

但是，有什么方法可以证明鸽子的归巢行为会受吹向鸽舍的风向的影响呢？

帕皮在鸽舍周围安装了风扇，然后将年轻的鸽子暴露在风扇叶片被向左或向右偏转的风中。他甚至尝试在风扇的帮助下改变风向。假设风提供了关键信息，那么这一诡计可能会让鸽子们误入歧途，而事实确实如此。正如帕皮的理论所阐释的那样，暴露在偏转风中的鸽子在被释放时会朝着相应的"错误"方向飞去。

鸽子的发育过程中似乎存在一个关键阶段，它们需要在这个阶段获得关于风的信息，以便后来用气味导航。所以，或许就像鲑鱼一样，年轻的鸽子对风带来的气味产生了"印随行为"。

但是怀疑者认为"偏转鸽舍"实验没有说服力。一些人提出，偏转装置的叶片干扰了鸽子的太阳罗盘所依赖的偏振光线索，或者使重要的声学线索失真。

在过去的40多年里，帕皮假说的支持者们一直在努力回答这些反对意见。

德国著名的鸟类导航专家汉斯·瓦尔拉夫（Hans Wallraff）最初和其他人一样持怀疑态度。然而，他意识到，对帕皮的发现的正确回应是对它们进行彻底的验证。瓦尔拉夫最近列出了至少17种不同的实验，他认为，这些实验"产生了一系列支持基于嗅觉的导航的、连贯的发现"。

或许这些实验中最引人注目的一点是使用了所谓的"虚假释放地点"。研究人员将鸽子放在密封的、用经过过滤且无异味的气体通风的容器里，

---

*　切断连接鸟的嗅觉感受器与其嗅球的嗅觉神经（在麻醉状态下），或者使用局部麻醉剂或腐蚀性化学品（如硫酸锌）暂时令它们麻木。这些鸟显然从切断嗅觉神经的手术中恢复得很快，尽管它们没有恢复嗅觉。

然后送去一个地点，在那里它们被允许呼吸当地空气几个小时，但不会被释放。之后，它们（同样是在净化的空气环境中）又被转移到一个与它们的鸽舍方向相反的新地点。在那里，它们还没有接触到当地的空气就被剥夺了嗅觉，最后被放飞。然后，这些鸽子会朝着"错误的归巢方向"飞去。

换句话说，如果它们朝着第一个被允许呼吸当地空气但没有被释放的地点飞去，那么它们的行进方向就是有意义的。相比之下，那些暴露在实际放飞地空气中的"对照组"鸽子，在嗅觉缺失之前，可以沿着正确的路线回家。

所以，第一组鸽子似乎使用了它们能够获得的唯一信息，即在第一个地点接触到的气味，因此它们的定向结果是错误的。第二组鸽子因为拥有最新且相关的嗅觉信息这一优势，所以它们选择了正确的方向。

这个实验很有创意，但并不能让所有人都满意。帕皮理论的批评者也进行了类似的"虚假释放地点"实验，他们将鸽子暴露在"虚假"释放地点无意义的人造气味中，但这些气味并不能为鸽子提供任何有用的导航信息。他们发现，这些鸽子在实际释放地的方向感和暴露在真实的当地空气中的"对照组"一样好。他们很快就得出结论："嗅觉接触并不能给鸽子提供任何导航信息。"在他们看来，这些气味，无论是无意义的还是真实存在的，都只是提醒鸟类它们正身处某个陌生的地点，从而触发一些完全不同的导航系统；它们不提供任何其他对导航有用的信息。

然而，最近，当加利亚尔多和"嗅觉导航假说"的其他支持者试图重复同样的实验时，他们发现暴露在虚假释放地点的无意义气味的确削弱了鸟类的归巢能力。这些互相矛盾的发现可能是由鸽子在训练、年龄和经验方面的差异或者是它们所处的地理环境的差异造成的。

因此，我们似乎陷入了僵局。一些专家认为，现在除非双方同意在一套新的、统一设计的实验上进行合作，否则关于鸽子嗅觉导航的长期争论将不会得到解决。

海鸟和导航

和鸽子不同，海鸟拥有异常发达的嗅觉器官，如信天翁、管鼻鹱、锯鹱和剪水鹱（shearwater），它们会用其来寻找食物、识别配偶和定位巢穴。它们中的大多数都非常长寿（寿命从40岁到60岁不等），且成年后对配偶和巢穴都很忠诚。它们还能飞行很远的距离，而它们非凡的航行壮举很可能与嗅觉有关。

携带追踪装置的鹱已经产生了一些令人吃惊的数据。当它们的嗅觉被暂时剥夺时，它们很难归巢，尤其是当它们在远离陆地的地方被释放时。人们将从北大西洋亚速尔群岛中的法亚尔岛上捕获的、被暂时剥夺嗅觉的鹱带到800千米之外的某地放生后，这些鹱在回家之前游荡了数千千米，而那些仍能闻到气味的"对照组"鹱则差不多是直接飞回来的。

当鹱被释放在地中海西部看不见陆地的海面上时，结果就没有那么明显了。这些鹱很快就返回了，"对照组"鹱沿着相当笔直的路线飞行，但许多被剥夺了嗅觉的鹱则沿着海岸线向北飞行，直到抵达意大利沿海的栖息地。看起来它们似乎在寻找熟悉的地标，以帮助它们找到回家的路。也有证据表明，某种时间补偿太阳罗盘在鹱的导航工具包中发挥了重要作用。

在巴利阿里群岛，当这些鹱在它们栖息地附近正常活动时，研究人员对它们进行了简单的追踪，发现那些没有嗅觉的鹱似乎仍然能够成功觅食。但是它们的归巢路线远没有"对照组"那么直接——直到它们能看到岛屿，此时它们大概可以看到视觉地标了。对鹱觅食路径的数据分析表明，它们受到了风速的影响，这与我们假设它们依靠气味来导航的预测方式一样。

那么问题来了：鸟类实际上利用的是什么气味？

到目前为止，还没有人发现鸽子真正依赖的是何种自然气味，但海鸟对某些暗示食物存在的气味很敏感，特别是化合物二甲基硫醚（dimethyl sulphide，简称DMS）。当然，你没法问一只鸟它能闻到什么，但是监测它的心率变化是个很好的替代方法。利用这种技术，鸽锯鹱（Antarctic prion）已被证明能够探测到浓度极低的二甲基硫醚。因为这种化学物质在调节气候方面起着关键作用，所以人类对其分布的季节性变化有很多了解，而且据了解，它在大洋中部岛屿周围以及浅海大陆架和海底山——这些地方提供丰富的食物供应——上方的浓度很高。

除了帮助海鸟成功觅食外，臭味微生物在这些地方的季节性爆发也可能会帮助它们找路。有人提出，整个洋盆可能会为它们呈现一个相对稳定、与嗅觉特征略有不同的"景观"，让它们在漫长的一生中逐渐熟悉这些特征。

然而，飞越大洋的鸟类可能完全依靠嗅觉来导航的想法是很难被接受的，尤其是要考虑大气和海洋本身高度动荡的特性。

围绕鸟类导航的大部分困惑可能源于这样一个事实，即鸟类（和许多其他动物一样）使用一系列不同的导航机制，并根据它们所处的具体环境在其中进行选择。在决定哪种系统是最可靠的之前，它们很可能会用某种方法来评估从各种来源获得的信息的质量，而且它们可能会在旅途的不同阶段使用不同的导航工具。

在这个诚然令人困惑的背景下，读者们可能会好奇，在引导鸽子（和其他鸟类）从陌生地点归巢的过程中，是否涉及一些完全不同的感觉？

一种显而易见的可能性是，它们利用了磁场线索。众所周知，鸽子对磁场很敏感，而且只要它们的嗅觉完好无损，当它们周围的自然磁场被固定在其头部的磁铁干扰时，它们通常也不会表现出迷失方向的迹象。信天翁和海燕也可以在这一情况下成功归巢。所以很明显，这些鸟并不完全依赖磁场线索。

另外，一些用于使鸟类丧失嗅觉的手术显然会影响它们探测人造磁源的能力。所以，仅仅因为它们在被剥夺嗅觉后找不到路就得出结论，说它们完全依赖嗅觉线索也是不准确的。

信鸽是在进行航位推算，还是在以某种别的方式回溯自己的路线？可以想象，它们可能会使用惯性导航机制来帮助自己找到回家的路，甚至追踪嗅觉或声学地标，但即使在前往放飞地点的途中被麻醉，它们的归巢表现也不会受到太大影响。很难理解一只失去了意识的动物如何追踪自己不断变化的路线和位置。

虽然一些动物导航专家对整个"嗅觉导航假说"仍持怀疑态度，但很多人现在承认，信鸽和远洋鸟类至少在一定程度上利用嗅觉来归巢。但关于这一点，人们目前还不清楚它们是如何做到的。当我们思考嗅觉地图的可能作用时，这将是我们会再次进行讨论的主题之一。

◎ ◎ ◎

大西洋海雀有着小丑般的脸，旋转着飞行，是一种令人无法抗拒的迷人动物，但也有点古怪。

其他种类的候鸟大多忠于单一的越冬地，但大西洋海雀在夏天即将结束时会朝不同的方向飞去。由于羽翼渐丰的大西洋海雀在夜间离开筑巢地，而且显然是独自出发，比成鸟早得多，所以它们不太可能通过学习掌握自己需要遵循的路线。

在威尔士海岸附近的斯科默岛（Skomer）追踪大西洋海雀的科学家们发现，在8月，它们中的大多数首先会向西北方向进发，有些最远甚至到了格陵兰岛，而另一些则南下至比斯开湾。随后，它们开始向北大西洋移动，而接近冬末时，它们则会向南移动，有些甚至到了地中海，最后在春天时从不同的方向返回栖息地。尤其令人惊讶的是，每只海雀每年都倾向于遵循同一条有特点的路线。

和陆地鸟类不同，大西洋海雀可以随时在海上停留，而且它们可以在各种各样的地方过冬。因此，或许所有年轻的大西洋海雀并没有依赖任何一套严格的指令——无论是遗传的还是从后天习得的——而是开发出了属于它们自己的迁徙路线,然后年复一年忠实地遵循它。但目前还不能确定它们是如何做到这一点的。

13　声音导航

　　"二战"期间，英国探险家、登山家弗雷德里克·斯宾塞·查普曼（Frederick Spencer Chapman，1907—1971）在马来亚丛林里的敌后方生活了18个多月。20世纪30年代，他曾与一支因纽特人狩猎队乘坐皮划艇沿着格陵兰岛东海岸航行。海浪汹涌翻滚，但即便是在浓雾滚滚而来的时候，他们也能毫不费力地通过听海浪破碎的声音来判断航向，沿着海岸前进，但查普曼不明白他们是如何定位他们的家所在的峡湾的。相比之下，他的同伴们表现得非常放松，在平稳地划了一个小时的桨之后，领头皮划艇上的猎人突然向岸边划去，恰好钻进了狭窄的入口。

　　查普曼对此感到困惑不已，但他们的解释非常简单：

> 　　在这条海岸沿线……有雪鹀（snow bunting）筑巢，而雄鸟……会在一块醒目的巨石上通过演唱甜美的小曲来宣布领地所有权。每只雄鸟的曲调都略有不同，因纽特人已经学会辨别它们的歌声，因此，当他们听到这些在自己家乡峡湾的岬角上筑巢的鸟的声音时，就知道是时候转向岸边了。

　　我们通常不依靠鸟鸣声来导航，但是我们极度依赖声音来帮助我们四处移动，而且这对水手而言也很有帮助。在接近高海岸时，尖锐的声音，例如拍手声或枪声，会从垂直的岩壁上发出清脆的回声。由于声音在3秒钟内能传播约1千米，所以这一时间差可以揭示其与岩壁之间的距离：在黑夜或能见度低的情况下，这是一条有用的信息。仅仅是听一听海浪破碎声的音质就能有所帮助。海浪拍打在岩石上的声音和拍打在卵石、沙子或淤泥上的声音听上去截然不同，在某些情况下，有经验的水手只需要注意这种差别就可以判断出自己所在的位置。

就像昆虫的触角一样，我们的两只耳朵起着测向器的作用。声音到达它们时，时间和强度方面的微小差异能够告诉我们声源是在我们的左边还是右边。这一原理是立体声和"环绕声"音响产生的立体音效的基础。移动声源在靠近或远离我们时发出的声音频率的变化——多普勒效应——也会提供信息。例如，它能让我们通过听一辆车发出的声音来判断它是否在朝我们驶来。

盲人经常利用声音来帮助自己从一个地方安全到达另一个地方。他们用棍子敲击或者用舌头发出声音，并且能够通过感知回声中的细微差别来辨别周围的事物。然而，有趣的是，他们常常以非常不同的方式描述自己正在做的事。他们说自己只是"感觉到"事物存在，这可能意味着他们大脑中与听觉无关的部分在处理那些回声。

59 岁的加拿大人布莱恩·博罗夫斯基（Brian Borowski）出生时就是盲人，他在三四岁时通过弹舌或打响指的方式自学了回声定位：

> 当我走在人行道上经过树木时，我能"听到"树的声音：垂直的树干，也许还有头顶上方的树枝……我能"听到"前面有人，然后绕过他。

经过练习，就连视力正常的人（戴着眼罩）也能发展出类似的技能。

加纳的渔民显然可以通过在水里插一支桨来找鱼。扁平的桨叶就像一根定向天线，可以收集鱼儿在水下的咕哝声和呜呜声；将耳朵贴在桨柄上，渔民就能大致确定鱼的位置。但是有些动物利用声音的复杂程度确实令人震惊。蝙蝠是最著名的例子之一。

1793 年，意大利的天才牧师拉扎罗·斯帕兰扎尼（Lazzaro Spallanzani，1729—1799）发现蝙蝠可以在完全黑暗的环境中准确导航。他经常注意到蝙蝠会在晚上进入他的房间，并借着烛光飞来飞去。他决定测试一下它们的夜间飞行能力，于是捉住一只蝙蝠，并将一根绳子系在它的一条腿上。吹灭蜡烛后，斯帕兰扎尼释放了这只蝙蝠，接下来他感觉到绳子被拖拽了几下，就知道它又在房间里飞了起来，显然完全没有受到缺失光源的影响。在进一步的实验中（当然不符合现代道德标准），他弄瞎了蝙蝠的眼睛，结果发现，它们不但能成功捕猎，还能找到返回钟楼（他就是在那里捕获它们的）的路。

斯帕兰扎尼的发现在当时基本上没有引起人们的注意，因为他的发现很少发表。直到1938年，哈佛大学的一个名叫唐纳德·格里芬（Donald Griffin，1915—2003）的年轻研究员才解释了蝙蝠夜间飞行能力的本质，他对蝙蝠的季节性迁徙很感兴趣。他和他的同事罗伯特·加拉博斯（Robert Galambos）证明，蝙蝠通过发送超声波和分析返回的回声，可以探测到在黑暗环境中飞行的昆虫并锁定它们：这个系统很像用来搜寻潜艇的声呐。格里芬意识到，蝙蝠非凡的导航和捕猎能力一定是依赖于其对周围环境构建的某种非常详细的三维"视图"。

飞蛾是蝙蝠食物的重要组成部分，而其中一些飞蛾已经发展出自己的对策。当它们接收到蝙蝠接近猎物时所使用的特殊信号时，就会做出躲避动作，甚至通过发出自己的信号来"干扰"蝙蝠的声呐，所以蝙蝠必须非常敏捷才能抓住它们。*

拥有回声定位能力的蝙蝠堪称哺乳动物界的导航大师，但它们也面临着巨大的挑战。首先，它们需要通过仅凭聆听它们发出的声音的回声来判断自己所在的位置和周围的情况。想象一下，这意味着什么：它们必须识别从周围每一个表面反射过来的一连串不同的声音——一片草地、一棵树的树皮或者它的树叶、一面砖墙，一只小飞虫或者一方池塘的表面。

就算蝙蝠是静止不动的，这一挑战也很难，但它们通常飞得很快，而且很少沿直线飞行；事实上，它们的空中技巧比大多数鸟类更令人难忘。更复杂的是，它们可能还得把自己的信号与在它们周围飞行的蝙蝠同类的信号区分开来。

在完全黑暗的环境中飞行时，有些蝙蝠能可靠地在细铁丝网中找到一

★　仓鸮也可以只用耳朵在黑暗中找到猎物。它们可以探测到小鼠或田鼠在草地上奔跑时发出的微弱声音，并以惊人的精度确定它们的位置。

个小洞并安全地穿过它。还有一些蝙蝠每天晚上会沿着常规"路线"从它们的栖息地飞到狩猎场，而这需要它们穿过蜿蜒曲折、绵延数千米的地下通道。但是回声定位也有其局限性：它的最大有效范围只有大约100米，因此对探测遥远的地标没有任何帮助。因此，为了远距离导航，蝙蝠必须依赖其他感官，尤其是视觉（见第28—29页）。

其他哺乳动物也使用声呐追踪和捕获猎物，尤其是海豚、鼠海豚和其他"齿鲸"。

圈养海豚非常擅长探测水下的小目标，即使是在完全黑暗的环境中，它们也可以通过声音来躲避障碍物。它们发出的高强度的超声波咔嗒声为其提供了周围300米范围内的环境信息，而在开阔海域进行的无线电追踪研究表明，它们使用这套系统追踪水下地形。一项关于两只圈养鼠海豚的研究也表明，它们使用声呐根据地标来确定自己的方位。

没有太多确凿的证据表明鲸和海豚将声呐用于导航，但如果它们没这样做，那才让人惊讶。实际上，一些研究者认为，就像蝙蝠一样，它们的声呐系统的最初用途可能就是导航。

人们很容易做出这样的推测，即鲸在它们的长途迁徙过程中可能会利用水下"听觉景观"。尽管当它们在深海（通常有三四千米深）旅行时，它们发出的信号强度或许不足以提供太多有用的信息，但在浅海和海底山周围时，这些信号可能会有用。

协和效应

乔恩·哈格斯特勒姆（Jon Hagstrum）是美国地质调查局的一位地球物

理学家，他在过去20年里一直在努力说服人们相信鸽子拥有一套复杂的导航系统，而该系统依赖于低频声波，也就是所谓的"次声"。他不是一名职业生物学家，因此这一事实乍一看可能令人费解，但他不同寻常的专业背景使他很有资格探索这个特殊的问题。我在他位于门洛帕克（Menlo Park）郊区的办公室采访了他，那里离旧金山南部的斯坦福大学不远。

哈格斯特勒姆的父亲是一位物理学家，他希望儿子能够追随自己的脚步，但哈格斯特勒姆决心从事一项富有挑战性的户外职业。成为《国家地理》杂志的摄影师原本是很理想的职业选择，但是他决定走一条更现实的路，于是去了康奈尔大学学习生物学。那里的课程是为医学院的学生设计的，当他发现自己要把很多时间花费在实验室里的时候，就转去了地质学专业。1976年，他偶然听了比尔·基顿（Bill Keeton，1933—1980）的一场演讲，基顿是当时鸽子导航领域的领军人物之一。

哈格斯特勒姆被基顿演讲的内容深深吸引了，尤其是关于在一个名叫泽西山的社区放飞的某些鸽子的奇怪行为。这些鸽子总是会迷失方向，很少能成功归巢，而且它们还有一个共同点，即全都来自康奈尔大学的一个鸽舍。奇怪的是，来自纽约州北部其他鸽舍的鸽子却没有受到影响。基顿一直试图为这一奇怪的现象找到一个合理的解释，他询问观众是否有什么好主意。这个问题激发了哈格斯特勒姆的想象力，他一直牢记在心。

几年后，《国家地理》杂志上的一篇文章重新点燃了哈格斯特勒姆对这个问题的兴趣，他惊奇地发现，人们在研究声音是否可能是缺失的线索方面所做的工作是如此少。此时，他已经上过地震学的课程，所以他很了解声波是如何传播的。此外，他还读了很多关于动物导航的书。但是他作为地球物理学家的职业生涯让他忙于在美国各地旅行，无法进一步研究这个问题。最后在1998年，哈格斯特勒姆读到一些关于美国东部和欧洲开展的鸽子竞赛的文章，文章中说这些比赛神秘地"失败了"：这是一个技术术语，用来形容鸽子没有及时归巢，甚至压根儿就没回来。

在当时，众所周知的是，鸽子可以使用两种罗盘，即太阳罗盘和磁罗盘，但是罗盘本身并不能让鸽子从它不认识的地方成功返回。它还需要某种地图。当时被广泛讨论的一种理论是，鸟类可能会将地球磁场强度的梯度作为这类地图的基础。哈格斯特勒姆确信这种解决方案行不通，但他对帕皮的"嗅觉地图假说"理论也深表怀疑。无论如何，这两种理论都不能令人满意地解释基顿近20年来在泽西山反复观察到的现象。

声音可能是关键，哈格斯特勒姆发现自己不由自主地被这个想法所吸引，而这种可能性格里芬（以研究蝙蝠的回声定位而闻名）在多年前也曾猜测过。哈格斯特勒姆觉得，这或许可以借用伟大的物理学家尼尔斯·玻尔（Neils Bohr）的一句名言，即"也许这个想法足够疯狂，疯狂到它有可能是正确的"。

我们能听到的声音并不会在空气中传播很远，但是一些动物对远低于人类听觉阈值（约20赫兹）的极低频的声音很敏感。这种次声的消散速度比正常声音慢得多，可以传播数千千米。原则上，信鸽应该可以参照这样的信号进行定向。

信鸽显然可以探测到次声，尽管目前尚不清楚这种能力一开始进化出来的原因。一种可能性是鸽子（也许还有其他鸟类）利用次声来探测将带来强风和降雨的天气锋面的逼近。对任何进行长途旅行的鸟类而言，这都是一笔宝贵的财富。

哈格斯特勒姆是否发现了某种声学干扰（可能是次声波）可能会扰乱这些"失败"比赛中参赛鸽子的"地图感"？

在找到可能的答案——协和式超音速客机（当时仍在服役中）产生的轰鸣声——之前，他探索了许多不同的可能性，但都没有成功。会不会是这种非常强大的次声源击垮了鸽子的导航系统，或者让它们暂时失聪了？

1997年6月29日，法国北部的南特举办了一场纪念伟大的皇家赛鸽协会成立100周年的比赛，哈格斯特勒姆发现当时有6万多只来自英国鸽舍的鸽子被"抛向"空中（一种粗放的放飞方式）。通常情况下，95%的鸽子可以安全返回，但是这一次，回来的鸽子寥寥无几。这是一场巨大的灾难，以至于人们对此展开了调查，但最终的报告并没有得出定论。于是困惑的赛事组织者将失败归咎于往常的"嫌疑犯"——坏天气。

但是哈格斯特勒姆通过计算得出，大部分鸽子在飞越英吉利海峡时恰好会遇到每天从巴黎飞往纽约的协和式客机从它们上空飞过，而这架班机在离开法国海岸之后会以超音速飞行。*另外，值得注意的是，那些少数成功归巢的鸽子都飞得比较慢，这意味着它们在那时还没抵达海洋上空。因此，这看上去是一个很有可能性的解释。

接下来，哈格斯特勒姆查看了1998年的几场被干扰的比赛的数据，其中一场在法国，还有两场在美国。虽然事实证明参赛的鸽子在飞机超音速飞行时不可能遇到环绕在飞机周围的锥形冲击波，但时间（和天气状况）意味着当它们在飞机前面飞行时，可能遇到了飞机降落前减速时所产生的移动较慢的声波。

然而，有一个例外，即宾夕法尼亚州举行的一场"失败"比赛。当哈格斯特勒姆调查该事件时，他发现协和式客机的预定抵达时间太早了。那就只剩下一种可能性了，而且这种可能性很小。如果他的理论是正确的，那么协和式客机当天抵达纽约的时间肯定比预定抵达时间晚了两个多小时。于是，哈格斯特勒姆打电话向肯尼迪机场的法国航空公司了解情况。和他对话的职员一开始对这个想法不屑一顾：强大的协和式客机怎么可能晚点这么久？但是当哈格斯特勒姆解释说自己调查这件事是为了科学研究时，他才不情愿地答应去核实一下。

当哈格斯特勒姆稍后又打来电话时，这名职员回答道："你是魔法师吗？"这架飞机在巴黎出现的机械故障的确让其延误了两个半小时，所以宾夕法尼亚的鸽子最终可能遭遇了冲击波。哈格斯特勒姆指出，鸽子的行为不仅让他能够推测出飞机的延误，甚至还能预测它的飞行时长。他说，这或许是他科研生涯中最令人振奋的时刻，但他仍然很难将这一发现发表出来。

★　在英吉利海峡中央出海时，我经常听到协和式飞机非常响亮的两次"轰隆-轰隆"声。

除了几场巧遇协和式客机的失败比赛之外，哈格斯特勒姆还需要更多的证据。他还研究了基顿在康奈尔大学进行的2500次放飞活动的记录，共涉及45000只鸟。基顿是一位备受尊敬的科学家，尽管他的数据不是最新的，但这也不会削弱它们的重要性。事实上，这些数据消除了哈格斯特勒姆本人可能引入一些无意识偏见的可能性。

正如我们所见，基顿发现来自康奈尔鸽舍的鸽子在泽西山被放飞后，通常会朝着随机的方向飞去，而且实际上只有10%的鸽子成功返回鸽舍。在卡斯特山，情况截然不同，但同样奇怪。在那里放飞的鸽子通常会朝着相同的方向飞去，但这个方向常常是错误的。在威兹波特市（Weedsport）附近的另一个放飞点，这些鸽子几乎总是能准确地归巢，但有一次例外，它们没能成功返回。一种过程可以解释所有这些奇怪的现象吗？

次声是由多种自然过程产生的，包括海上的风暴和陆地上的龙卷风，以及大风和山脉等地貌景观之间的相互作用。拍打在海岸上的波浪也是一个来源。然而，大洋中的驻波尤其重要。它就像是你在反复敲击咖啡杯下面的桌子时，咖啡表面出现的稳定波形；类似的波形也是乐器产生的音调的基础。

不过，哈格斯特勒姆感兴趣的驻波规模要大得多。它是由大洋上的风暴或飓风产生的巨大风浪之间的相长干涉造成的，当两个频率相似但方向相反的波列相遇时就会发生。这样的驻波会引起气压的振荡变化（被称为"微压"），它可以向上一直传播到平流层。

在那里，温度梯度和快速移动的气流会将它向海面弯曲，在那里它会被再次向上反射。随着这个过程的重复进行，就会产生一种"波导"（一种声波管道），可以将微压输送到很远的地方。

这还不是全部。同样的驻波还会在其下方的海底产生类似地震的微小振动（被称为"微震"）。这些振动向外辐射，直到最终被位于大陆中央的地震仪探测到。事实上，源自海洋的微震和微压在固体地球和大气中分别产生了一种近乎连续的次声背景（嗡嗡声），每次的频率约为0.2赫兹，周期约为6秒。它们给试图探测其他重要事物的科学家带来了很大的麻烦，例如远处的地震或者核试验产生的信号。

哈格斯特勒姆提出，鸽子可以探测到陆地表面轻微振荡所产生的次声，这种能力是它们非凡的归巢能力的基础。更准确地说，他认为每只鸽子都学会了将自己的鸽舍与某种次声信号或声音印记联系起来，而这种声音印记是由鸽舍周围的景观特征塑造的。他不确定主导这一基础过程的是在空气中传播的微压，还是穿过地球并抵达大气层的微震（尽管大部分证据指向后者，见下文）。

在任何情况下，这一标志性的声音都会从鸽舍附近辐射出来，就像钟声一样（只是音调低得多，我们完全听不见）。在正常情况下，这种超低频率的声音可以在空气中传播很长一段距离，并可能发挥像信标一样的作用，使鸽子能够设定回家的准确路线。

但是，如果这种声音被大气温度梯度或地形景观改变，鸽子就会遇到麻烦，这就是哈格斯特勒姆对鸽子在泽西山、卡斯特山和威兹波特市的不同表现给出的解释。

尤利西斯·S. 格兰特和静默区

在一个电脑化的大气模型程序的帮助下，哈格斯特勒姆展示了次声的传播是如何受大气的温度和风结构、天气变化以及地貌景观形状的影响的。这些因素可能会导致局部的"静默区"，也就是声影区，而在这些区域内，鸽子将无法接收来自其鸽舍周围的关键声音信号。

静默区在美国内战期间造成了严重的问题。当时双方的军队指挥官通常会保留大量后备部队，而且只会在战斗的声音表明需要他们时才会命令投入战斗。然而，有时尽管声音近在咫尺，他们却什么也听不到。在1862年9月19日的艾尤卡战役中，尤利西斯·格兰特将军未能增援他的副手罗森克兰斯将军，声影现象大概就是其中的原因。因为雷鸣般的枪声根本没有传到他那里。

大气模型程序展示了声影区是如何导致在泽西山放飞的康奈尔鸽子出现奇怪的迷失方向的行为的。在正常情况下，来自康奈尔的次声不会抵达泽西山。然而，只有一次，康奈尔的鸽子能够从这里成功归巢。哈格斯特勒姆已经证明，那天的异常天气状况从根本上改变了来自康奈尔的次声的传播方式。这样一来，泽西山的康奈尔鸽子将难得地听到从康奈尔传来的声音，并且有可能（仅此一次）接收到来自其鸽舍的信号。

另外，鸽子们在卡斯特山和威兹波特市定向错误可能是次声波信号从多个方向抵达的结果，因为不同的天气条件和地形特征有利于不同传播方向的同时存在。基顿数据中的其他一些罕见异常现象甚至可以用来自相关日期记录中的龙卷风和飓风所产生的次声的干扰效应解释。

针对哈格斯特勒姆的假说，一个经常被提及的反对意见是，鸽子的两只耳朵离得太近，以至于它们不可能从波长一千米或者更长的低频声音中提取任何有用的方位信息。如果这种鸟不能移动，这倒是个很有说服力的批评，但是通过绕圈或环形飞行，鸽子可以自行扩大其听力设备的尺寸。然后利用多普勒效应，它就可以确定来自其鸽舍的声音信号是从哪个方向传来的。雷达工程师采用了完全相同的原理，并将其称为"合成孔径"（synthetic aperture）。放飞点的鸽子在朝着其鸽舍行进之前经常会绕圈飞行，这一事实与它们从次声中提取方位信息的概念是一致的。

一个更严重的反对意见是，手术致聋的鸽子仍然能定向它们的家。但是这里的证据既不充分也不明确。此类研究的第一个实验规模很小，而且结果也不一致：有些失聪的鸽子没能成功定向，但奇怪的是，一些听力完好无损的对照组鸽子也不能做到这一点。

哈格斯特勒姆最近回顾了一组未发表的数据，这些数据也是基顿生成的，进一步阐明了这个问题。在基顿的各种测试中，失聪的鸽子（作为一个群体）的行为确实与对照组不同，而且总体上方向感较差，尽管它们当中的很多的确成功归巢了。但是一些听力完好的对照组鸽子也没能成功定向。

哈格斯特勒姆认为，对照组的鸽子有时是声影现象的受害者。这些失聪鸽子（意识到自己的听力已经丧失）在从鸽舍向外飞行的旅途中可能使用了它们的某种类似罗盘的感官进行了监测，就像没有经验的年轻鸽子那样，然后沿着相反的路线飞回了家。

另一个间接证据来自欧洲鸽子归巢能力的一种奇特的季节性模式。在冬天，它们的定向能力往往不如夏天，而且归巢时所需的时间也更久。这种反常现象在德语中被称为"Wintereffekt"（冬日效应），但在北美洲尚未发现该现象。哈格斯特勒姆认为，这是因为冬季北大西洋上空的风暴较多，导致背景声音中的次声噪声增加，而平流层的西风会优先将其输送到欧洲（而不是美洲）。

"嗅觉导航假说"的支持者指出，冬日效应也可能是由植物在冬天产生的可用于导航的气味的减少所致。

像这样的趣闻逸事只能为哈格斯特勒姆的次声导航假说提供间接证据，他是第一个赞同这种看法的人。他自己的事业使他很难进行必要的实验以确定鸽子是否利用次声，但他希望其他人能很快证明这一点。

◉　◉　◉

很多动物在繁殖的时候会回到它们的出生地，但要详细研究那些在大型栖息地繁殖的动物的行为是很困难的，例如海豹、海狗等海洋哺乳动物，尤其是如果你离它们太近的话，就会受到攻击。

最近在南乔治亚岛海岸附近的伯德岛上的一个大型南极海狗（Antarctic fur seal）聚居地，科学家们克服了这些困难。那里有一条高架通道，可以让人非常精确地定位单只海狗。在可以连接在长杆末端的设备读取的电子识别标签的帮助下，研究人员发现雌性南极海狗能非常精确地回到它们出生的地方，并在那里生下自己的幼崽——即使中间相隔数年。

大多数雌性南极海狗回到了距离其出生地不到12米远的地方，有些甚至抵达了相距其出生地仅一身之长（约2米）的地方。虽然雄性南极海狗——众多的配偶组成了它们的"后宫"——还没有以同样的方式被研究过，但它们有可能表现出更高的地点忠实度。一组拍摄于19世纪90年代的关于阿拉斯加海狗（Alaskan fur seal）聚居地的照片表明，南极海狗"后宫的分布模式和今天几乎相同"。

没有人知道这些海狗是如何如此精准地回家的。也许视觉和嗅觉在它们返航之旅的最后阶段及上岸后发挥了重要作用，也许它们在遥远的海洋中时会使用天文或磁场线索。谁知道呢？

14　地球的磁场

数百年来，水手们一直依靠磁罗盘来设定航线并以此导航。学习并背诵罗盘上的32个"点位"是每个水手的必经之路，直到它们被角度取代。如今北是0°，东是90°，南是180°，西是270°，以此类推直到359°。虽然你可能仍然会说"东南"或"西北偏北"，但更复杂的"点位"基本上被遗忘了。

天然磁石是永久磁化的岩石（磁铁矿）碎片，可以把铁吸过来，早在古时候就有过文字记载，而它们在自由悬浮状态下总是去"寻找北方"的趋向也肯定很快就被发现了。大约在2000年前，中国人发明了一种罗盘。目前还不清楚他们是在什么时候开始使用这一奇妙的新工具进行导航的，但可以肯定的是，他们在11世纪就已经这样做了。12世纪时，欧洲也出现了罗盘，尽管它是不是欧洲人独立发明的仍然存在争议。

始于15世纪的欧洲发现之旅不仅依赖用于测量太阳和恒星高度的仪器，也依赖罗盘，如果没有罗盘的帮助，迅速发展起来的跨洋贸易路线就不可能持续下去。可以这样说，在GPS出现之前，它是最重要的导航工具，即便在今天，一艘船如果没有操舵罗盘就是不完整的。

在我们脚下的深处，由地球的固体内核（温度接近6000 ℃）加热而产生的汹涌的熔融金属漩涡产生了一个包裹着整颗星球的磁场。*

如果没有这个所谓的"地磁场"的保护，地球上就不会有生命存在。它延伸到深邃的太空之中，使太阳喷射出的高能粒子偏转方向，否则这些

---

*　实际上，正是液态外核与内核神秘的原始磁场之间的相互作用产生了地磁场。感谢乔恩·哈格斯特勒姆向我指出这一点。

高能粒子会破坏大气中的臭氧保护层。然后，一切都将沐浴在致命的太阳通量中，而这将杀死地球表面的一切生命迹象。

地磁场很像环绕在一根普通条形磁铁四周的磁场，尽管其规模明显要大得多。它有两个磁极，彼此之间由环形的"磁力线"连接在一起。而罗盘内部的磁铁会和这些磁力线对齐：一端指向地磁北极，另一端指向地磁南极。换句话说，它对磁极性很敏感。但有一个问题是，地磁极很少与地理上的南北极重合。实际上，它们目前与地理极点相距数百千米，而且还在不断移动。*

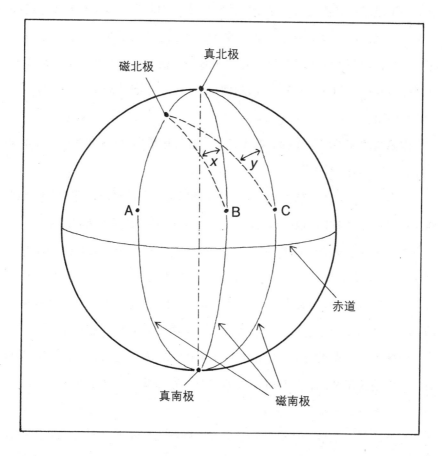

因此，地球表面几乎所有地方的真（地理上的）北（或真南）都和磁

北（或磁南）不同，而两者之间的夹角被称为"磁偏角"。*所以在使用罗盘导航时，考虑磁偏角这一因素至关重要，否则你可能会抵达某个完全意想不到的地方。如果你位于地磁极附近，就会发现那里的磁偏角在相当短的距离内变化得非常快，罗盘实际上是无法使用的。

英国杰出的天文学家埃德蒙·哈雷（Edmund Halley，1656—1742，以哈雷彗星闻名）于1699年启航，在大西洋和印度洋进行了一次漫长而艰难的航行（向南走了很远，甚至看到了一些巨大的冰山）。在此期间，他开展了一系列针对磁偏角的测量。回来后，他发表了一张精心绘制的海图——上面还记录了赤纬圈——并希望它能帮助水手们确定经度。理论上，这是一个好主意，但是没能流行起来。虽然哈雷已经证明了在海上测量磁偏角是可行的，但要准确地做到这一点并不容易，而且还有一个问题，磁偏角是不断变化的。因此，尽管哈雷的海图是一项了不起的制图成就，却从未被广泛使用。

磁偏角的大小因地而异。在A点，磁偏角是零。角x和角y展示了磁偏角在B点和C点的不同值。

磁力线从一个地磁极垂直升起再垂直落向另一个地磁极，它们在环绕地球向外伸展时，在赤道地区与地球表面平行。而地磁场和地球表面之间那个多变的夹角就被称为"磁倾角"（inclination）。水手们使用更具描述性的术语"dip"（向下倾斜）来称呼它，原因很容易理解。如果把一枚磁针放在垂直平面内转动，它在靠近赤道时会保持水平，但是随着它越来越靠近吸引它的磁极，磁针的一端会逐渐向下倾斜，并且倾斜程度也变得越来越陡峭。

磁倾角对航海很有帮助，但效果不明确。因为当你接近任何一个磁极时，它都会稳步增加；而当你靠近赤道时，它会变小，却不能告诉你这个磁极是南极还是北极。

磁场的另一个重要特征是它的强度。磁场强度在磁极附近最大，并随

★ 水手们使用的术语是"磁差"（magnetic variation），可能是为了避免与天体赤纬（celestial declination）混淆，后者是天文导航中使用的关键参数之一。

着你靠近赤道而逐渐减弱，不过它在东西方向上的变化要小得多（也更不规律）。从绝对值来看，它一点也不强。以纳特斯拉（nanoteslas，缩写为nT）为测量单位，它在25000至65000之间变化——相比之下，一块小冰箱贴所施加的磁力大约是1000万nT。

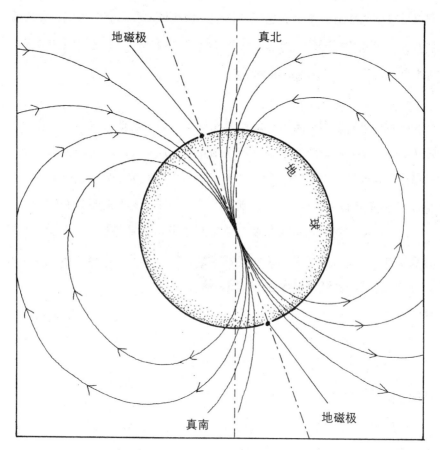

连接地磁极的"磁力线"

地球磁场的强度极不均匀，并且会随着时间的推移而变化。每一年，每一天，每一小时，甚至每一分钟，各个地点的磁场强度都在以一种高度不可预测的方式发生着变化。较长期的波动（长期变化）是由围绕地核展开的仍然有些神秘的进程引起的，而一天中发生的快速变化则是由电离层暴露在太阳下而引起的电活动所致。另外，还必须考虑地磁场的三维性质，因为当你从地球表面向上升时，它的强度会迅速下降。

地球磁场的复杂性和高度动态性意味着，在任何给定地点，任何二维的强度梯度地图都只能提供一个与实际值相当接近的粗略估值。*地壳中的磁化岩石（其分布极不均匀）也会引起磁场强度的局部波动，而且这种波动可以压倒南北方向上的磁场强度梯度。这些局部异常有时强大到足以扰乱罗盘，因此会被标注在海图上。鉴于这些原因，仅仅通过测量磁场强度很难获得关于你所在位置的可靠信息。

还有一个因素需要考虑，即整个地磁场会不定期地自我翻转一次：地磁北极变成了地磁南极，而地磁南极则变成了地磁北极。上一次大的磁极转换发生在大约78万年前，但在更遥远的过去，发生了更多这样的"磁场逆转"。我们可以通过这些事件在海底岩石中留下的化石痕迹来了解它们。

典型的磁场逆转被认为需要几千年的时间才能完成，在此期间，原先的双极磁场的衰变可能会产生奇怪的多极磁场。如果你依赖任何一种磁罗盘来设定路线，其结果都将是令人困惑的。

磁倾角罗盘

动物可能利用地磁场进行导航这一说法在19世纪被广泛讨论。这种可能性是由俄国动物学家、探险家亚历山大·冯·米登多夫（Alexander von Middendorf，1815—1894）在1855年提出的；然后在1882年，生活在阿尔及利亚的、名不见经传的法国人维吉埃（Viguier）探究了动物可能利用磁

★ 显示地球表面磁偏角、磁倾角和磁场强度如何变化的地图，可见于美国国家海洋和大气管理局的网站。

倾角和磁场强度找路的方法。他颇具先见之明地描述了一种可能的实验，在该实验中，研究人员可以通过在鸽子身上绑上磁性或非磁性小棒，以了解这样会如何影响它们的归巢能力。

但是这个想法并没有得到落实，磁导航假说在很大程度上被科学机构忽视了，这种局面一直持续到20世纪60年代。到那时，源源不断的发现鼓励了此前一直持怀疑态度的研究人员重新思考这一问题。越来越多的证据表明，包括白蚁、苍蝇、鲨鱼和蜗牛在内的种类繁多的动物对磁场都非常敏感，很快，这个名单就扩大到了蜜蜂和鸟类。

蜜蜂可以探测到磁场的首个迹象来自一个实验，在该实验中，蜂箱周围的自然磁场被一个磁线圈系统抵消了。然后，采集蜂通过它们的摇摆舞所指示的方向也随之发生了细微的变化。更耐人寻味的是，被剥夺了所有天文线索（无论是太阳还是电矢量）的蜜蜂表演的看似迷失方向的舞蹈，实际上遵循着一种模式，即它们通常更喜欢指示与磁罗盘的四个基本方位相一致的方向。当它们周围的磁场被抵消后，这种奇怪的"无意义"模式就消失了。

蜜蜂显然可以探测到地球的磁场，但它可能不会直接将其用于导航。更有可能的情况是，它利用日出和日落前后地球磁场强度的日常变化来校准控制其太阳罗盘的内部时钟。其他动物或许也是这么做的。蜜蜂的磁感应能力还帮助它建造了由一系列紧密排列的蜂房构成的蜂巢。目前尚不确定的是，当天空被云层遮挡，蜜蜂的太阳罗盘无法使用时，它是否会借助磁场信息来导航。

20世纪60年代，由于弗里德里希·默克尔（Friedrich Merkel）和沃尔夫冈·威尔茨科（Wolfgang Wiltschko）的开创性工作，鸟类的磁感应迹象开始为人所知。不过，关于这一研究的重大突破来自沃尔夫冈·威尔茨科和他的妻子罗斯维塔（Roswitha）在1971年开展的一项重要实验。当时，他们将迁徙性的欧亚鸲（European robins）放在了一个八角形笼子里，并在笼子周围设置了8根间距相等的栖木。接下来，他们将这些处于"Zugunruhe"（一个优美的德语词，指的是鸟类在即将迁徙时表现出的不安状态）状态中的欧亚鸲暴露在变化的磁场中，然后记录它们选择停留在哪根栖木上。他们的目的是观察磁场的哪些指标会影响鸟类的行为：强度、磁倾角还是极性。

威尔茨科夫妇以一系列不同的组合系统地颠覆了这些参数。他们的发现相当令人震惊。原来这些鸟的方向偏好并不取决于磁场的极性，而是取决于磁倾角。因此，它们可以判断哪个方向指向最近的磁极，但无法区分南北。所以它们的罗盘和我们人类所熟悉的罗盘完全不同。但这并不意味着它们只能向北或向南飞行：一旦它们的磁罗盘得到校准，它们就可以在自己选择的任何方向上设定路线了。

这种"磁倾角"罗盘被认为可以在中高纬度地区很好地发挥作用，因为那里的磁倾角相当陡峭，鸟类应该很容易就能感知到。但当磁力线是水平状态时（就像赤道附近的情况那样），这种罗盘的指示作用将会变得模棱两可，而这一点正是威尔茨科夫妇所发现的。在水平磁场中进行测试时，欧亚鸲完全不知道要去哪里，并且迷失了方向。这一发现具有重要的意义，它意味着从北半球迁徙到南半球（并返回）的鸟类在靠近磁赤道时无法依靠它们的罗盘感官进行导航。

自那以后，威尔茨科夫妇的发现在多个不同的实验室中被重复证实，并被认为是动物导航研究史上最重大的发现之一。

人们已经在20种不同的鸟类（以及许多其他动物）身上发现磁倾角罗盘，这可能是鸟类普遍拥有的一种天赋。在一些候鸟中，磁倾角罗盘似乎是白天的主要定向机制，尽管鸟类是通过获取天光偏振模式来校准它的。夜间迁徙的候鸟也可以使用磁倾角罗盘，它们会在黄昏时根据太阳的方位进行校准——这项技术使它们即使在穿越赤道时也能保持稳定的前进方向。但是，磁倾角罗盘提供的精度水平仍然存在一些争议。长途迁徙的候鸟显然不能仅仅依靠这种机制抵达一个较小的目标区域，例如大洋中的一座岛屿，因为罗盘不能对横向漂移发出警告。

随着越来越多的研究被发表，人们越来越清楚地认识到，磁罗盘感应机制并非罕见的现象。除了鸟类和岩礁鱼类，包括果蝇和甲虫在内（仅举几例）的无脊椎动物似乎也拥有磁罗盘。

$$\text{\textcircled{\footnotesize ?}} \quad \text{\textcircled{\footnotesize ?}} \quad \text{\textcircled{\footnotesize ?}}$$

座头鲸（Humpback whale）从它们位于南极洲附近寒冷但食物丰富的夏季觅食地出发，长途跋涉到太平洋中部和大西洋温暖的热带水域，在那里，雌性座头鲸会产下幼崽——这段旅途的距离可能超过8000千米。

更令人叹为观止的是，它们的导航精确度。在最近的一项追踪研究中，太平洋和南大西洋的座头鲸沿着笔直的路线穿越海洋，而且通常连续数天。它们显然能够补偿交叉洋流的影响，有一次它们还经受住了热带风暴过境的考验——即使对大型鲸类来说，这也是一个令人不安的考验。这绝非易事，尽管没有人知道它们依靠的是什么线索，而且除了追踪实验之外，在它们身上进行任何实验都是非常困难的，无论是从实际还是伦理角度来看都是如此。

鲸很可能是利用了磁场信号，而它们自己搁浅——有时数百头鲸一起搁浅——的事实被一些研究人员当作它们对磁场敏感的证据。这些“大规模搁浅”对相关个体而言往往是致命的，而且长期以来一直困扰着科学家们。

人们已经提出了许多可能的解释，包括由人类活动所引起的巨大水下噪声的干扰效应。但是发生在美国东海岸的搁浅似乎集中在磁场强度相对较低的地区，因此强度梯度可能在鲸的导航系统中发挥了一定作用。根据类似的推理，其他科学家怀疑最近在北海南部搁浅的抹香鲸是由一场扰乱地球磁场的强大太阳风暴造成的。

然而，还存在许多其他可能的解释。也许鲸利用太阳、月亮甚至星星来保持稳定的航向——它们经常将头从水中抬起，好像在环顾四周［这种行为被称为“浮窥”（spy-hopping）］。还有证据表明，它们很喜欢去那些被称为海底山的水下地貌，这些海底山可能充当了它们的导航信标。另外，被动聆听、回声定位、嗅觉甚至重力梯度也可能参与了其中。

15　那么帝王蝶如何导航？

现在回到我儿时的灵感上，也就是北美帝王蝶一年一度的迁徙活动。令人惊讶的是，这一非凡现象的真实本质一直是个谜，直到最近才被揭开。一个名叫弗雷德里克·厄克特（Frederick Urquhart，1911—2002）的、意志坚定的加拿大昆虫学家因解开了这一谜团而备受称赞。从孩提时代起，厄克特就痴迷于飞蛾和蝴蝶，而帝王蝶不可避免地引起了他的注意。这些昆虫在冬季消失的事实是众所周知的，有证据表明它们中的一些向南飞了，但不清楚往南飞了多远，还有另外一种可能是，其中一些可能在冬眠（据推测，可能在隐蔽的背风处）。

虽然厄克特孜孜不倦地寻找，希望能找到一只冬眠的帝王蝶，但他从未成功。那它们都去哪儿了呢？ 20世纪30年代大萧条时期，当他在多伦多大学读研究生时，这个问题仍然困扰着他，但他只能在业余时间继续自己的研究——在他聪明能干且充满热情的母亲的帮助下。

"二战"期间，厄克特作为气象学家被派往加拿大各地，得以对当地的帝王蝶种群进行调查，但是直到1950年，他才获得开展这项严肃的研究项目的资金。在妻子诺拉（Norah）的帮助下，他开始了这个后来成为他毕生事业的研究项目。由于在视觉上追踪蝴蝶是非常困难的——而且不可能远距离追踪它们——所以厄克特夫妇决定尝试给蝴蝶做标记。

事实证明，这并不容易做到，于是他们设计了一种方法，即将小小的纸标签粘在帝王蝶的翅膀上，每个标签上都有一个独特的编号，以及请求拾到者向他们发送信息的文字说明。在这一过程中，他们需要轻轻地握住这种昆虫，刮掉覆盖在它们翅膀上的一小块微型鳞片，这样有黏性的标签就能附着在上面了。显然，这并不会给蝴蝶带来太大的麻烦，不过这要求标记者必须非常灵巧。

1951年，诺拉写了一篇关于标记帝王蝶的文章，引起了许多博物学家和生物学家的兴趣。结果，厄克特"被来自美国和加拿大各地的援助邀约淹没了"。超过300名志愿者以"合作者"的身份加入了这一行动。这是一个非常成功的早期公众科学案例。

在这么一群志愿者的帮助下，厄克特夫妇艰难地捕捉并标记了30多万只帝王蝶。目击报告开始陆续传来，并形成了一种模式。在落基山脉以东被标记的大多数蝴蝶（太平洋一侧有一个单独的种群，行为模式完全不同）似乎先向南进入得克萨斯州，然后越过边境进入墨西哥。厄克特夫妇最终能够追踪到的迁徙得最远的地点是墨西哥城以西的火山山脉，但是踪迹到那里就消失了。

直到20世纪70年代，厄克特夫妇近乎偏执的努力终于得到了回报。由于使用标签无法取得更大的进展，他们在墨西哥报纸上刊登了一封求助信，希望有人能帮他们填补最后一块拼图。

1973年，居住在墨西哥城的美国人肯·布鲁格（Ken Brugger）看到了他们的这则广告，于是和他的墨西哥伴侣卡塔利娜·阿瓜多（Catalina Aguado）开着房车去搜捕帝王蝶。两年后，这对夫妇在高山上遭遇了一场冰雹，但冰雹并不是从天而降的唯一东西——还有数千只受伤的帝王蝶。他们很快就发现了厄克特夫妇长期以来未能发现的第一个越冬地。在那里，数以百万计的蝴蝶密密麻麻地聚集在冷杉、松树和雪松上，以至于树枝都被它们压弯了，而森林地面上还覆盖着厚厚一层蝴蝶的尸体，为当地的牲畜提供了一场盛宴。

厄克特夫妇以最快的速度赶到了这里，甚至还成功找到几只翅膀上贴着标签的蝴蝶。这正是他们正在寻找的关键证据——至少有一些附着在树上的帝王蝶确实是从美国向南迁徙的。后来的研究依靠的是对蝴蝶翅膀中碳和氢同位素的检测，这使科学家们能够确定它们还是毛毛虫时的觅食地。而在墨西哥山区"休养生息"的帝王蝶大多来自美国中西部。

当厄克特在1976年宣布这一惊人的发现时，他对帝王蝶越冬地的确切位置守口如瓶，只透露说，它位于"墨西哥米却肯州北部一座火山的山坡上，海拔有3000多米高"。厄克特无疑是在担心公众的过多关注可能会威胁到这些脆弱的蝴蝶，不过他甚至拒绝与同样痴迷于帝王蝶的鳞翅目昆虫学家林肯·布劳尔（Lincoln Brower）分享细节。实际上，他甚至为布劳尔设置了一条假线索。

但是布劳尔并没有被骗。根据这个不愿帮忙的同行无意中留下的线索，他设法找到了原址，而到1986年，他又发现了另外11处越冬地。其中仅第一个面积为3.7英亩（约14973平方米）越冬地上就栖息着超过1400万只蝴蝶。所有的越冬地点都位于海拔3000米左右的森林中，蝴蝶在那里享受着凉爽但稳定的气候条件，以一种被称为"滞育"的静止状态过冬。

厄克特这一非同寻常的发现虽然登上了世界各地的头版新闻，但当地人对此并不感到惊讶，因为他们早就知道这些蝴蝶的非凡聚会。如今，虽然帝王蝶越冬地的规模和数量都大大减少，但它们仍然是热门的旅游景点。

在春天，当白昼时间变长时，这些蝴蝶会进入性兴奋状态，成群结队地从树上飞起。雄蝶先将有催情作用的鳞粉撒在雌蝶身上，然后再将其擒住带向地面。在疯狂地交配之后，这些蝴蝶会向北涌去，而许多雄蝶会在途中死去。当它们抵达美国南部后，雌蝶将卵产在那里的马利筋属植物上，然后死去。接下来，毛毛虫会在那里孵化，进食，并最终化蛹。

然后新一代成虫出现并向更北的地方——雌蝶在那里再次产卵——飞去。夏末，为了应对白昼的缩短，最后一窝成年蝴蝶（第四甚至第五窝）会南下前往墨西哥。当它们开始南下的长途旅行时，其中一些帝王蝶甚至是从加拿大出发的。它们在75天的时间里飞行了3600千米（大约每天50千米）。但是这些昆虫以前从未进行过这样的旅行，也没有人给它们带路。

在向北行进时，雌蝶面临的导航挑战相对简单，它们只需要找到马利筋属植物，然后产卵。但是，当白昼时间更短、天气更冷的秋天来临，预示着是时候向南进发时，雄蝶和雌蝶都需要找到返回遥远、与世隔绝的越冬地的路。尽管很难想象这样的壮举是如何实现的，但在过去20多年的时间里，一系列显著的发现改变了我们对此的理解。

触角生物钟

20世纪90年代，来自亚利桑那大学的桑德拉·佩雷斯（Sandra Perez）从冯·弗里希和魏纳早期的研究中汲取灵感，决定搞清楚帝王蝶是否像蜜蜂和沙漠蚂蚁一样，使用某种太阳罗盘。她采用了一种所谓的"时钟转换"技术，将一群帝王蝶放在一个房间里，其间，房间里的灯被打开和关闭，以模拟一天的开始和结束（比正常自然日晚6个小时）。对照组被关在室内，但不受任何时钟转换的影响，而另一组由捕获的野生蝴蝶构成，没有被关起来。

佩雷斯和她那精力充沛的同事们随后将这些蝴蝶陆续放飞，并在与它们并肩奔跑时借助手持指南针估计它们的前进方向。在比较不同组蝴蝶的平均行进方向时，他们发现受时钟转换影响的蝴蝶朝着西北偏西的方向飞行，而对照组的蝴蝶则都遵循着正常的西南偏南的路线飞行。

如果这些蝴蝶使用的是时间补偿的太阳罗盘，这正是预期的结果。佩雷斯还指出，在阴天的情况下，帝王蝶似乎也能保持正确的前进方向。因此，她认为它们可能有一种"非天文的"、或许基于地球磁场的备用罗盘。

几年后，德国奥尔登堡大学杰出的动物导航专家亨里克·穆里森（Henrik Mouritsen）和他的同事巴里·弗罗斯特（Barrie Frost，来自安大略省金斯顿的女王大学）找到了一种可以更精确地监测昆虫飞行方向的方法——而且不用四处奔跑。这需要将帝王蝶拴在一种飞行模拟器中，使他们能够对帝王蝶的前进方向进行长达4个小时（相当于飞行大约65千米）的不间断监测和记录。*

---

*　这项技术在第17章得到了更详细的描述。

穆里森和弗罗斯特对两组蝴蝶进行了时钟转换：一组的时钟"快"了6个小时，而另一组的时钟则"慢"了6个小时。正如佩雷斯所指出的那样，对照组的蝴蝶能够可靠地向西南方向行进。实际上，它们的平均路线与最终将它们带到目的地墨西哥的路线完全吻合。

两个时钟转换组的定向结果也高度一致：时钟"快"的一组向东南方向前进，而"慢"的一组向西北方向前进。这些方向差异的大小与基于太阳方位变化的预测非常一致：这是非常有力的证据，表明它们使用了时间补偿太阳罗盘。

在那之后，麻省大学医学院的史蒂夫·里珀特（Steve Reppert）和他的同事们进行了一系列实验，展示了帝王蝶不仅会对太阳在天空中的位置做出回应，而且像蜜蜂和沙漠蚂蚁一样，会对光偏振产生的电矢量做出回应。为了适应太阳在一天中的方位变化，这些蝴蝶——就像沙漠蚂蚁和蜜蜂一样——需要某种时钟。这种机制似乎依赖触角的输入信号，因为如果将它们的触角切除或涂抹油漆，这种动物就会失去时间补偿的能力，尽管目前人们还不清楚触角是如何发挥作用的。

斯坦利·海因策和里珀特在帝王蝶大脑的中央复合体中发现了可以调节到特定电矢量角度的细胞，与此前在蝗虫身上发现的细胞非常相似。因此，即便太阳圆盘本身被云层遮挡，帝王蝶也有可能使用电矢量模式进行定位。由于电矢量模式有可能是模棱两可的，这意味着除了追踪太阳的方位之外，帝王蝶还需要测量它在天空中不断变化的高度。因此，这一过程可能还需要它们大脑中第二个时钟的输入信号，尽管其性质还有待确定。

到目前为止，我所描述的已经是一套非常复杂和巧妙的系统，但它可能还有另一个层面。正如佩雷斯所怀疑的那样，帝王蝶也有可能利用磁场导航。

帕特里克·格拉（Patrick Guerra）和里珀特进行了飞行模拟器试验，在实验过程中，他们将帝王蝶暴露在漫射光下的人造磁场中。虽然这些研究只涉及少量蝴蝶，但研究结果表明，帝王蝶可能拥有某种磁倾角罗盘。格拉认为，该罗盘基于帝王蝶触角上的光感受器，而当这些蝴蝶无法获取来自天空的定向线索时，它们就会发挥后备机制的作用。

但并不是所有人都被说服了。穆里森和弗罗斯特在他们的飞行模拟器中测试了140多只蝴蝶，没有发现任何利用磁场定向的证据。在后来的一项迁移研究中，他们测试了迁徙帝王蝶的平均飞行方向——先是在安大略省，然后向西迁移2500千米，抵达卡尔加里。在安大略省，这些蝴蝶通常朝着正确的方向（西南）飞往墨西哥，和先前研究中的表现一样。在卡尔加里，它们也沿着类似的路线飞行，假设它们能够翻越落基山脉，那么这条路线最终可能会指引它们抵达太平洋。由此可见，它们似乎没有能力纠正自身向西迁移的行为。

穆里森和弗罗斯特还仔细检查了多年来重新捕获的带有标记的蝴蝶的大量数据。他们的结论是，这些蝴蝶只是沿着太阳罗盘指定的大概方向（西南）飞行。然而，另一个因素似乎也在发挥作用，即起着物理屏障作用的景观，如落基山脉的高大壁垒（这些蝴蝶无法翻越）和墨西哥湾的海岸（它们往往会沿着海岸前进，因为它们不太愿意穿越开阔的水域）等，可以有效地引导这些蝴蝶稳步向南飞向得克萨斯州，然后进入墨西哥。

最后一个主要难题仍有待解决。虽然我描述的这些机制完全有可能让帝王蝶抵达距离它们最终目的地数百千米以内的地方，但目前仍不清楚它们是如何在墨西哥中部山区确定越冬地的。一种可能性是，在旅行的最后阶段，这些蝴蝶会追踪某种嗅觉信标——甚至可能是覆盖在它们的高地避难所地面上的死去同胞尸体的气味。

北美帝王蝶每年的迁徙活动是最引人注目的自然奇观之一，但它的子孙后代可能永远没有机会见证这一奇观了。而造成这一结果的原因，不仅仅包括非法砍伐导致这些昆虫越冬的林地面积萎缩，还包括许多其他威胁，例如被滥用的杀虫剂和除草剂——它们要么直接杀死帝王蝶，要么摧毁帝王蝶赖以生存的食用植物。因此，对科学家而言，填补这一非凡谜题的最后一块拼图的时间可能已经所剩无几了。

◎　◎　◎

位于西印度洋的马尔代夫群岛上的居民已经知道，蜻蜓会在每年的10月份前后出现在他们身边。这些昆虫中最常见的一种被称为"十月飞虫"[黄靖（Pantala flavescen）]，它的出现预示着东北季风季的到来。但它们是从哪里来的呢？

查尔斯·安德森（Charles Anderson）在对这一现象进行深入研究之后，认为这些蜻蜓（只有5厘米长）大多来自印度南部或斯里兰卡，它们只把马尔代夫当作中途停留地。实际上，它们的最终目的地似乎是东非，那里的季节性降雨可以为它们的后代提供理想的生存条件。它们的后代甚至有可能继续迁徙到非洲南部。据了解，这些昆虫可以在陆地上飞行4000千米远，但现在看来，它们至少可以在海上飞行3500千米。

一只昆虫（即便是如此善于飞行的物种）怎么可能飞这么远？答案似乎是它们利用了季风带来的高海拔风为自己助力，并且以在同一股快速流动的空气中移动的小型昆虫为食。可能有数百万只蜻蜓踏上了这段旅程，而在非洲各地繁殖之后，它们的后代会在这个周期再次开始之前返回印度。在这种情况下，整个往返里程可达18000千米。这甚至让帝王蝶长达7000千米的环路之旅黯然失色——尤其要注意的是，和帝王蝶不同，蜻蜓必须进行长途越洋之旅。

最近的一项研究通过测量蜻蜓体内水分中的氘含量，证实了安德森的假设。实际上，研究结果表明，那些抵达马尔代夫的蜻蜓的旅行距离比他想象中的还要远：它们可能是从印度北部或尼泊尔出发的，甚至可能翻越了喜马拉雅山脉。

虽然"十月飞虫"似乎是独一无二的，但飞行昆虫是非常高效的迁徙动物。如果按照体形大小来衡量距离，昆虫迁徙的最长距离大约是体形最大的鸟类的迁徙距离的25倍。原因之一是昆虫非常善于利用风。

16 伽马银纹夜蛾

出现在欧洲夏季的很多飞蛾和蝴蝶都是经过长途迁徙才抵达那里的。那些在较温暖的低纬度地区过冬的动物前往北方是为了获得更好的食物供应，同时也是为了躲避捕食者和疾病。小红蛱蝶（painted lady butterfly）就是一个很好的例子。数以百万计的小红蛱蝶在春天离开北非，经过几代繁衍后，它们的后代最终抵达英国，并在那里大量繁殖。然后它们的后代会向南迁徙，以躲避北方的冬天。这段旅途几乎和帝王蝶的旅程一样长，而小红蛱蝶似乎也使用了太阳罗盘。

另一种令人印象极为深刻，但颜色没有那么鲜艳的迁徙昆虫是伽马银纹夜蛾（因其前翅上有"Y"形的白色斑纹而得名）。它们经常出现在我的学校的捕蛾器里，这并不奇怪，因为据估计，在数量较多的年份，有多达2.4亿只伽马银纹夜蛾从地中海沿岸抵达英国，并在那里过冬。繁殖后，数量大约三倍于此的伽马银纹夜蛾会在秋季时向南迁徙。由于它们是一种危害严重的农业害虫，所以在科学界引起了广泛关注，特别是詹森·查普曼（Jason Chapman）的关注，查普曼是昆虫迁徙方面的权威专家，供职于康沃尔郡法尔茅斯（Falmouth）的埃克塞特大学。

我去法尔茅斯拜访了查普曼，获悉当他还是孩子时，就把所有业余时间都花在了他位于南威尔士的家附近的乡间，在那里，他观察鸟类，捕捉飞蛾和蝴蝶。和我一样，查普曼也在家里饲养毛毛虫。另外，杰拉尔德·德雷尔（Gerald Durrell）的著作和大卫·爱登堡（David Attenborough）的纪录片也给了他很大的启发，不过他心目中最伟大的科学偶像是阿尔弗雷德·拉塞尔·华莱士：

华莱士真正让我感兴趣的是，他完全是一个白手起家的人（这和达尔文不同）。他没有巨额财富，也没有受过良好的教育，但他做了自己该做的事。他去了亚马孙——当时他的想法是通过收集和出售标本来筹集自己的研究资金。大多数人都会被他返回英国途中所发生的事吓到。在返航回国时，他的船遭遇火灾，他失去了一切。当时他登上一艘救生船，但不得不将所有标本丢在身后。他毕生的心血全都付诸东流，而且在获救之前，他还差点死掉。然而，他之后再次做出同样的选择，在东南亚的雨林里旅行了数年。

虽然查普曼家里没有人上过大学，他的父母也不确定他能否以学者的身份谋生，但查普曼知道自己想成为一名生物学家。查普曼本科就读于斯旺西大学，在那里，他的研究课题是关于蝴蝶对阳光的反应。在南安普顿大学获得博士学位后，他对昆虫迁徙产生了兴趣，并在赫特福德郡的洛桑研究所（Rothamsted Research Station）得到一份工作，在那里，他开始使用一种名叫垂直监测昆虫雷达（Vertical-Looking Radar，简称VLR）的设备开展工作。

正如你可能已经猜到的那样，利用这种雷达发射的窄波束的反射，查普曼不仅能注意到距离地面约1000米的高空中的单只飞虫，还能确定它们的大小、速度、方向和高度，在某些情况下，甚至可以确定它们的种类。在这种设备的帮助下，他揭示了英格兰南部昆虫夜间活动的惊人规模。查普曼估计，每年有数万亿只昆虫从北向南迁徙，然后再返回，它们的总重量达数千吨。这些迁徙昆虫中有很多是伽马银纹夜蛾。

查普曼告诉我，当伽马银纹夜蛾从蛹中羽化出来时，它们就已经做好了尽快迁徙的准备。它们的导航系统很简单。另外，它们有一个首选的迁徙方向（春天时向北，秋天时向南），并且会按照预先设定的路线飞行一段时间：

从蛹里出来的头几个晚上，它们完全处于迁徙状态，但在迁徙的过程中，它们的生殖器官开始成熟。在两三个昼夜的过程中，性激素会被释放出来以促进性成熟，然后当它们性成熟时，就会停止迁徙。

此时，雄性伽马银纹夜蛾会寻找雌性伽马银纹夜蛾并与之交配，然后雌性伽马银纹夜蛾会去寻找可以在上面产卵的食用植物。这些飞蛾能否抵达一个可以让它们的后代繁衍生息的地方，取决于许多因素，但最重要的是风。它们需要在几天内飞行很远的距离——可能有1000千米或更多，如果它们仅仅依赖自己的飞行肌，可能到不了那么远的地方。但如果借助强风，它们就可以在空中以每小时90千米的速度行进，而且如果它们能保持这个速度，就可以在一个夏夜飞行600千米，甚至更远。这一行进速度超过了许多候鸟。

新出现的伽马银纹夜蛾在黄昏时分飞向空中，仿佛在对高处的气流进行采样。如果风向对迁徙大有帮助，它们就会义无反顾地踏上这段漫长的旅程，但如果没有帮助，它们会再次降落，等待更有利的时机。在机会之窗关闭之前，它们会在地面上度过几个夜晚，鉴于英国的气候，有数百万只伽马银纹夜蛾会在某个时刻死去；但很显然，有足够多的蛾子能幸存下来，继续这场竞赛。

一旦伽马银纹夜蛾飞上高空，它们就会寻找温暖且快速移动的气流，以获得强大的推动力。在晴朗的夜晚，在相当长的一段距离内，每只迁徙飞蛾似乎都沿着同一方向前进——偏差在一两度之内，但它们并不是简单地随波逐流。如果气流的方向不适宜，它们就会调整线路，让自己更接近偏好的朝向，即使天空中没有月亮，星星被云层遮挡，它们也能做到这一点。

查普曼的设想是，这些飞蛾很可能拥有某种能让它们设定航向的罗盘。但是，正如我们已经看到的那样，罗盘不能指出它们是否在横向漂移。如果有足够的光照，伽马银纹夜蛾或许能够通过观察地标或者从它们下面掠过的地面"光流"来检测任何横向轨迹误差。但查普曼认为，肯定会有天太黑或者飞蛾飞得太高的时候。这是一个大难题。

查普曼在洛桑研究所的同事、大气物理学家安迪·雷诺兹（Andy Reynolds）随后赶来救援。他做了一些数学模拟，结果表明，在快速移动的气流中产生的小规模湍流在流动方向上的振动幅度比在其他方向上更强烈。如果飞蛾能探测到这种湍流，它就能判断自己是否在顺风而行。通过比较它的罗盘航向和风向，原则上它可以确定自己是否在横向漂移，然后再进行适当的方向修正。

这很有趣，但到目前为止还只是一种理论。雷诺兹此时给出了一个可以进行实际验证的预测。根据他的计算，这些"微湍流"线索会被科里奥利力（见第172页）略微向右偏移（在北半球）。所以如果一只飞蛾用它们来确定风向，它也会表现出轻微的右侧偏向，而这正是查普曼的发现。因此我们可以说，有证据表明，伽马银纹夜蛾可以确定它们飞行时的气流方向。

查普曼确信，伽马银纹夜蛾拥有某种罗盘感官，让它既能设定初始方向，又能在侧风可能使其偏离首选的迁徙方向太远时进行修正。他怀疑，这很可能在一定程度上依赖于太阳，但由于这些飞蛾整夜都能保持良好的方向感——即便没有月亮或星星——并能进行适当的方向修正，所以这不可能是事情的全貌。

查普曼认为，伽马银纹夜蛾肯定还使用了磁罗盘，并且可以在日落或黎明前后利用天光线索进行校准。但是关于这一点，我们仍需要到其他地方寻找飞蛾或蝴蝶利用地磁场导航的确凿证据。

⌖ ⌖ ⌖

古老的扁嘴海雀是一种性格活泼、黑白相间的小海鸟，也是海雀家族中的一员，生活在北太平洋沿岸。它们在遥远的海达瓜依岛（Haida Gwaii，位于不列颠哥伦比亚省海岸附近）上有一个巨大的繁殖地。

当科学家们追踪其中一些扁嘴海雀，想找出它们在哪里过冬时，他们得到了一个很大的惊喜。虽然只有4只鸟安全返回洞穴，但事实证明，它们旅行了8000千米，其间，它们穿越太平洋，抵达中国、韩国和日本附近海域，然后返回：在路程约1.6万千米的往返旅行结束后，它们回到了一个非常精确的位置。从海达瓜依出发的最短路线是向北穿过白令海和鄂霍次克海，追踪研究表明，这些鸟确实是沿着这条路线飞行的。根据目前已知的情况，还没有其他鸟类在太平洋上进行过类似的东西方向的迁徙，而且没有人知道扁嘴海雀为什么要这么做，它们的导航方法也是个谜。研究人员认为，这段不同寻常的旅程可能反映了这些鸟在遥远的过去所走的路线，当时它们的分布范围从原来的东亚扩大到了北美。

17　大雪山的黑暗领主

当我前往亨里克·穆里森的办公室——位于德国奥尔登堡大学校园边缘的一座旧农舍里，木梁都裸露在外面——拜访他时，我们讨论的众多话题之一是他和巴里·弗罗斯特对帝王蝶所做的研究。在交谈中，他说自己很快就要去澳大利亚，参与另一种鳞翅目昆虫布冈夜蛾（bogong moth）的迁徙行为的调查。

这是一个不容错过的机会，所以我很快问他自己是否可以加入。穆里森解释说，这个项目的负责人实际上是埃里克·沃兰特，不过他后来好心地把我的请求转达给了沃兰特。后来的事情进展得很快。仅仅几个星期后，我就去瑞典拜访了沃兰特，虽然我们才刚刚见面，但他慷慨地同意让我作为观察员一同前往。因此，一个月后，也就是在澳大利亚的夏末，我驱车前往了大雪山（Snowy Mountains）。由于对即将要发生的事情只有模糊的概念，所以我既兴奋又有点担心。

像帝王蝶、小红蛱蝶和伽马银纹夜蛾一样，布冈夜蛾也进行长途迁徙。冬季时，它会在昆士兰州南部繁殖，然后为了躲避夏季的酷暑，它的新生后代会在次年春天向南迁徙到新南威尔士州的大雪山——这段距离超过1000千米。*据估计，每年有20亿只布冈夜蛾进行这样的旅行。

堪培拉就位于它们的飞行路线上，由于被这座城市明亮的灯光所吸引，这些蛾子有时会堵塞电梯竖井和通风管道，给当地人带来了很大的麻烦。此外，在悉尼奥运会开幕式上，一只迷路的布冈夜蛾出人意料地出现在电视镜头中，当时它落在了一名正在演唱国歌的歌手的乳沟里。根据埃里克·沃兰特的说法，这种蛾子和这名歌手在他们各自的祖国受到同等程

---

* 在澳大利亚还有其他布冈夜蛾的种群，它们朝不同的方向迁徙。

度的尊重和诋毁。

这座被冰雪覆盖的古老雪山海拔超过2000米，山顶上矗立着一堆堆风化的巨大花岗岩，就像英格兰达特穆尔地区的突岩一样，但规模要大得多。布冈夜蛾聚集在这些岩石之间的狭窄裂缝中，像铺瓷砖一样用它们小小的身体将凉爽、幽暗的裂缝岩壁铺满，每平方米裸露岩石上可能有多达17000只布冈夜蛾。在那里，它们以一种被称为"夏眠"（aestivation，冬眠的夏季版本）的休眠状态度过夏天。如果它们足够幸运，没有被捕食者吃掉，它们会在秋天再次飞到空中并向北飞去，重新开启这个不平凡的循环。

在两个重要方面，布冈夜蛾的成就甚至比帝王蝶更为显著。首先，它只在夜间飞行（而帝王蝶在白天旅行），所以它不能利用太阳罗盘来保持直线飞行。另一个很大的区别是，每只蛾子（只要它活下来）都注定要进行一次路程超过2000千米的完整往返旅行——首先向南飞到山区，然后沿着原路返回繁殖，最后在昆士兰州南部死去。

斯坦利·海因策和埃里克·沃兰特曾写过一篇关于这种非凡飞蛾生活史的有趣文章。根据他们的说法，如果帝王蝶被认为是"昆虫迁徙之王"，那么布冈夜蛾肯定就是它的"黑暗领主"。对于布冈夜蛾所面临的导航挑战，他们是这样总结的：

> 布冈夜蛾从1000多千米外精准定位了一个小山洞，在此过程中，它们穿越以前从未走过的地形，并最终找到一个它们以前从未去过的地方。而且这一切都是在夜间完成的，它们仅靠几滴花蜜来补充能量，用的是只有一颗米粒那么大的大脑。别指望工程师能造出类似的机器人！为了实现这一非凡的行为，布冈夜蛾的大脑必须整合来自多个来源的感官信息，并计算出相对于内部罗盘的当前航向。然后，它必须将当前的航向与期望的迁徙方向进行对比，并将任何不匹配的情况转化为补偿性的转向指令，与此同时，它们还要在非常昏暗的光线下（同时还会受到寒冷的湍流

风的冲击）保持稳定的飞行。

布冈夜蛾为探索动物导航的核心问题提供了一个理想的载体。沃兰特最初的假设是，这种蛾子正在进行某种形式的天文导航，就像蜣螂一样。但与仅能飞行几米的蜣螂不同的是，布冈夜蛾可以整夜飞行，而且根据风力大小的不同，它可能需要几天甚至几周的时间才能抵达目的地。因此，无论它使用的是什么路标，都必须保持足够的稳定性。北极星可以满足这个要求，但如果位于赤道以南，就看不见它了，而且因为月亮、银河和恒星都在不断地运动，所以沃兰特不知道它们中哪一个可以为布冈夜蛾提供它们所需的信息：

> 我心想，天哪！这简直毫无希望，它们不可能使用这些线索，特别是在其中一个实验中，我们用一块黑布挡住了天空，但虫子们仍然继续往前飞。然后我灵机一动——一定是磁场。这是一个顿悟时刻。这和鸟类在夜间飞行时面临的挑战是一样的。在北半球，它们可以使用北极星周围的旋转模式，但它们也极度依赖磁罗盘。真见鬼，为什么不呢？为什么这些蛾子不会做同样的事？

从堪培拉向南的公路缓缓爬过绵羊牧场，那里看上去好像很久没有下雨了。路边散落着粗心的袋鼠和袋熊肿胀的尸体。最终我抵达了库马小镇。我从那里前往科西乌斯科国家公园——大雪山的腹地——周围的风景逐渐变得荒芜。树木稀疏了，房屋也越来越少。在过去，这一地区深受"偷猎者"困扰：这是一群四处游荡的歹徒，于19世纪初恐吓在这里定居的农民。

沃兰特的房子坐落在山坡上，周围都是雪桉树，在一条长长的土路尽头，距离最近的小镇大约15千米。埃里克把我介绍给了团队的其他成员，即巴里·弗罗斯特，来自隆德大学的大卫·德雷尔（David Dreyer）和大卫·绍考尔（David Szakal），以及来自奥尔登堡大学的安雅·金特（Anja Günther）。亨里克·穆里森在我离开之后加入了他们。

在接下来的几个夜晚，我目睹的实验是他们数年前就开始的工作的延续。目的很简单，就是搞清楚布冈夜蛾是否依靠磁场线索找路。他们的计划是在布冈夜蛾开始向北迁徙时捕捉它们，然后再将其放飞到一个圆柱体装置中，该装置很像巴里·弗罗斯特和亨里克·穆里森此前研究帝王蝶时使用的设备。利用精确校准的磁线圈系统，它们被暴露在各种变化的磁场中，而我们会记录它们的反应。

布冈夜蛾在哪里睡觉？

我到达时，团队已经工作了一段时间，蛾子也快用完了，所以我们需要再抓一些。由于要等到天黑之后才能安装灯光诱捕器，所以我们决定在白天去看看山顶的岩石裂缝——那里聚集着大量蛾子。

我和埃里克、安雅·金特及大卫·绍考尔，早早出发前往斯雷德博（Thredbo），一个位于克拉肯巴克河（Crackenback River）陡峭河谷中的滑雪胜地。因为当时是夏末，这座小镇非常安静，当时我们乘坐滑雪缆车到达海拔约2000米的地方，然后再从那里穿过茂密的灌木丛和泥炭沼泽，最终抵达荒凉而美丽的山顶。荒原上点缀着野花，很快我们就发现身边没了其他人的踪影——除了几匹野马和几只盘旋在我们头顶上空的乌鸦。

大雪山有着悠久的历史，而且看上去也是如此。在每一个圆形的山顶上，巨大的突岩就像圆形雕塑一样耸立着。没有多少人知道如何找到布冈夜蛾栖息的洞穴，但埃里克带领我们找到了最好的地点之一。几乎没有可见的踪迹可循，而且有好几次，我们不得不停下来确认一下自己所在的位置——这可真够讽刺的。在烈日下长途跋涉之后，我们抵达了目的地：在陡峭的、长满野草的山坡顶端，有一堆高耸的破碎岩石。

　　我们爬过一些巨石，来到其中一条岩石裂缝的入口处。空气中弥漫着一股强烈的怪味，而在我们脚下，地面上覆盖着厚厚一层被暴雨冲出庇护所的死蛾子的破碎尸体。这就是气味的来源。

　　岩石之间的缝隙很窄，但我们勉强能挤过去。岩缝的空气中充满了从蛾子的翅膀上脱落的粉末状鳞片，而当阳光穿过时，它们会闪闪发光。很多蛾子已经离开了，还有几只在我们身边飞来飞去。在手电筒的照射下，我们可以看到由那些留下来的蛾子形成的斑块，它们暗褐色的翅膀整体地折叠在睡着的身体上，在冰冷的岩壁上形成了完美的规则图案。当然，它们没有眼皮，但是每只蛾子的身体都充当了它身后那只蛾子的眼罩，所以只有最前面一排蛾子的眼睛会暴露在直射光线之下。这是一幅宁静的画面，也是昆虫导航效率的佐证。

　　沃兰特解释道，在这条山脉两侧的原住民还没有被殖民者赶走之前的时候，他们的夏天都是在这些裸露出地面的岩石上度过的。他们来这里是为了躲避低地的炎热，并享用烤布冈夜蛾——这种食物显然非常美味。那是一个人们载歌载舞、迎亲迎娶的时节。早期定居者记录了这些原住民在参加完这些以飞蛾为食的庆祝活动后的生活状况，他们的"皮肤变得很有光泽，而且大多数人都很胖"。但是原住民早已从这里消失，他们的狂欢会现在也只是一个遥远的记忆。

　　有一些证据表明，每个岩洞都被来自某特定地理位置的飞蛾占据，不过这一理论还有待证实。若真是如此，它们的导航精度就超过了在墨西哥高地森林中越冬的帝王蝶，但即便归航的布冈夜蛾没那么挑剔，它们仍然要找到一个合适的洞穴，而这一点也不容易。吸引它们的有可能是嗅觉线索——甚至是我们注意到的怪味。

　　沃兰特隆德大学的同事们一边将他们从洞穴中收集到的不同气味吹到布冈夜蛾身上，一边记录它们触角发出的神经信号，这些飞蛾对此却没有任何反应。由于他们测试的蛾子是从夏蛰蛾子中采集的，所以它们有可能不再有动力对这些气味做出反应。无论线索是什么，这些南下的飞蛾都无法通过后天学习识别它们，因为它们都是迁徙新蛾。它们被这些线索吸引一定是出于本能。后面还有一些令人着迷的问题待解答。

当我们开始下山时，太阳已经西沉，而当我们抵达设置灯光诱捕器的地方时，天已经黑了。虽然不是很复杂，但它非常有效。它包括一个由便携式发电机供电的大功率泛光灯和一块铺在两棵矮树之间的白色床单。一两分钟之内，它就吸引了各种各样的昆虫，大多数都不是布冈夜蛾。其中有一只巨大的螽蝉（hairy cicada），埃里克对它很感兴趣。

作为一名昆虫爱好者，我被这么多陌生的飞行昆虫形成的奇观迷住了，但对我这样的新手而言，辨别布冈夜蛾并不容易。我也很难抓住它们——不像我们这群人里最年轻的那两名成员，他们的反应比我快得多。

第二天早上，我们的任务是为那些即将用于实验的蛾子"安柄"。这是巧妙的拴系过程的关键部分。首先，我们将这些蛾子冷藏在一个便携式冰盒里，使其昏昏欲睡，然后再将它们轻轻地固定在一块带配重的铁丝网下面。下一步是借助一个由汽车电动燃油泵驱动的微型真空吸尘器（这是巴里·弗罗斯特临时制作的），从飞蛾胸部（位于其头部后面身体的中间部分）的一小块区域上剥去毛茸茸的鳞片。

裸露在外的甲壳这时已经准备好接受一小滴黏合剂，然后一段末端带有小环的细长钨丝会被快速粘在上面。这根柄必须垂直对齐，否则蛾子就不能保持恒定的航向。一旦成功"安柄"，这些蛾子就会被单独放进小盒子里。每个盒子里都配备了一根蘸满蜂蜜的棉签作为它们的食物，并保持凉爽和黑暗，直到需要它们时，才会将其取出。当"柄"安装完毕时，飞蛾通常会醒来，它们有时会在被转移到盒子的过程中逃走，而再次抓住它们并不容易。

实验地点位于房子上方的山顶。此前，我们已经在那里铺设好一条电源线，并搭建了一个小帐篷，用于遮挡记录设备和磁线圈系统的控制仪器，以及操作这些设备的人。日落时分，我们缓慢地爬上山顶，避开成堆的袋鼠粪便，同时携带着冰盒里的蛾子及所有其他装备，包括茶和饼干。气温下降得很快，到了夜里，埃里克借给我的保暖内衣派上了大用场。

一共有两个圆柱体装置（与穆里森和弗罗斯特测试帝王蝶导航技能所用的装置类似），而每个装置的顶部都有一个装有轴的有机玻璃悬臂，每只蛾子的柄都可以连接到轴上。接下来，这些飞蛾就可以自由地朝它们选择的任何方向"飞行"了。投射在圆柱体装置底部的移动图案产生"光流"，鼓励它们起飞，而且还有一个反馈系统确保光流方向和它们的飞行方向保持一致。

飞蛾选择的方向被电子设备监控，并传送到附近帐篷里的笔记本电脑上。利用圆柱体装置周围的线圈系统，研究者们可以精确地旋转磁场，然后观察飞蛾对这些变化做出的反应。

如果一开始你没有成功……

当沃兰特和他的团队第一次尝试这个实验时，彻底失败了。这些飞蛾对变化后的磁场基本没有反应，尽管偶尔有个别飞蛾会产生大的反应，但其反应方式前后不一。在经历了令人沮丧的三年之后，他们开始认为布冈夜蛾要么没有磁罗盘，要么无法掌握磁罗盘的工作原理。然后沃兰特突然想到，除了磁场线索之外，这些蛾子可能会对视觉线索做出反应：

> 问题是，我们已经将那根该死的悬臂安装在装置顶部，使线圈变得清晰可见。此外，装置的内壁垫衬着硬纸板，在几个有露水的夜晚过后开始弯曲变形。尽管我们几乎看不见它，但我对昆虫优秀的夜间视力有足够的了解，知道它们可以看到这一切。然后我在想，我们都是笨蛋。它们可以看到所有这些，而且正在利用这一切。

他们该怎么办呢？要消除所有可能的视觉信息来源是不可能的，于是他们在轴上安装了一个小型水平扩散盘，就在柄的正上方，以防止飞蛾看到上面的任何东西。然而，这个圆盘可以让来自夜空的微弱紫外线照射到蛾子身上。这是至关重要的，因为这种动物的磁罗盘感官似乎就是依赖它。但是装置内壁的问题仍然存在。

沃兰特想出了一个巧妙的解决办法：

我们决定设置一些非常明显的地标来覆盖那些微小的地标。由于侧壁一开始是浅灰色的，所以我们加入了一条黑色的地平线和小山（其实就是透明胶片上的黑色三角形，方便我们随时插入或抽出），而它们与地平线之间的夹角要么是0°（正北），要么是120°（大致是东南偏东）。

此时，他们终于开始得到一些有用的结果：

接下来，我们做了一个四阶段实验，每一阶段用时5分钟，总共20分钟。在第一阶段，和地球磁场同强度的磁场在正常状态下向北0°对齐，山也在0°，所以一切都在同一个方向。飞行5分钟后，我们将一切都调到了120°——山和磁场再次指向同一方向。蛾子们跟着转动起来，虽然不是所有蛾子，但足以展示一定的效果。在第三阶段，我们将山留在原地不动，将磁场角度恢复到0°。

然后一切变得一团糟！它们朝山飞了2分钟后迷路了，完全迷失了方向。在第四阶段——最后的5分钟——我们将山放回0°，蛾子又找到了它们的路。但是在第三阶段，随着线索冲突，它们陷入了真正的麻烦。从数据中可以清楚地看出，我们看到了实际的效果。

我们能够用磁场变化引起这种混乱，这一事实意味着它们拥有磁感应能力。如果它们没有磁感应能力，它们就会只朝着山飞行，这样的话，在第三阶段它们只需要这样做就能完美地定位，但事实证明，并非如此。而且更令人印象深刻的是，我们在4米之外的地方，只需按一个按钮就可以改变磁场，所以我们根本没有直接干扰这些蛾子。

这个最初的"线索冲突"实验让沃兰特相信，这些飞蛾所做的事和人类舵手在海上操作罗盘的行为完全一样。水手们并不会一直盯着罗经刻度盘，他们发现了可以让船保持正确航向的更容易的方法，即将船头与遥远的云或星星对齐，然后根据这个远方地标导航。他们会时不时回头查看指南针，检查自己是否仍在正确的方向上。这些飞蛾似乎也在设定自己的航线，一开始参考磁罗盘，之后使用它们可以获取的任何视觉线索（这里是圆柱体装置里的"山"）。

如果它们在周围的磁场突然发生变化时感到困惑，那是可以理解的。那么接下来，它们是应该继续追随视觉"地标"，还是根据磁场信号调整路线呢？沃兰特认为，相对于视觉地标，磁罗盘才是主导，而延迟现象的发生是因为这些蛾子平均每两分钟就会对照其内置罗盘检查一次它们的路线。与太阳或月亮罗盘相比，这套系统有一个很大的优势，即它不需要任何形式的时间补偿。

当然，用完全严谨的科学实验来证明这些并不容易。数据总是很杂乱，因为这些蛾子的行为方式并不完全相同。这可能部分是由蛾子之间真正的个体差异造成的，但其他影响也可能是原因，比如柄安装得不牢固或者分散注意力的光线或声音等。

因此，当我加入沃兰特的团队时，他们面临的任务就是开展一批新实验，以消除所有可能的混杂因素。尤其是他们需要随机排列呈现给飞蛾的不同线索的顺序，而不是像前一年那样，总是从正常状态下一切都指向正北的迁徙方向开始。

夜幕降临后，我们头顶上的天空呈现出一派壮丽的景象。即便在大洋中央（远离光污染的地方），我也从未见过这么多星星。银河灿烂地闪耀着。我可以从中辨认出由星际尘埃形成的暗斑，这通常只有在长时间曝光的照片中才能看到。南十字星座从东南方向雄伟地升起，而在南天极附近的空荡天空中，大小麦哲伦星云——离我们最近的星系邻居——清晰可见。

在帐篷里，我们每天晚上熬夜测试二三十只蛾子。整个过程都是精心设计的，而且我们尽量避免在圆柱体装置周围发出任何光线或者声音。每次测试都从飞蛾在自然地磁场中确定一个偏好方向开始。然后，按照预设的随机顺序将它们暴露在四种不同的测试条件下。和肯·洛曼（Ken Lohmann）的那些刚孵化的小海龟不同，它们不需要鼓励就能做到这一点。

我们四个人紧挨着坐在帐篷里的折叠椅上，监视着两台记录飞蛾行为的笔记本电脑。当我们需要同事改变磁场或移动"山"的时候，就会大声招呼他们。在这里，我们可以清楚地看到每只蛾子被放进装置后的情况：有时它们很快就能稳定下来，然后朝着同一个方向飞行——常常但绝不总是朝北；但有时它们会转着圈地飞来飞去。这个问题似乎是由柄安装得不正确造成的。一旦它们全都稳定下来，独自坐在帐篷后面的埃里克就会打开两个线圈系统，让我们观察里面发生了什么。

一开始，似乎很多蛾子的行为都"不对劲"，但后来逐渐形成一种模式。排除与理论不符的结果这一行为具有强烈的诱惑性，而且并不是所有科学家都能成功抵制这种诱惑。通过篡改或美化数据，你可以获得看似"有统计学意义"的结果，尽管它们实际上完全是误导性的；所以至关重要的一点是，所有的有效数据都应该被包括在内。

像这样的实验需要极大的耐心，而笑话——即使是最糟糕的笑话——也能调节气氛：埃里克对我们在灯光诱捕器里看到的那只毛茸茸的大螽蝉表现出的令人惊讶的赞赏成了反复被提及的笑话，具有意想不到的喜剧潜力。当蛾子最终用完时，我们松了一口气，现在我们可以跌跌撞撞地走下黑暗的山坡，喝上一杯威士忌，然后上床睡觉。

我离开后，这个实验又持续了几个星期，直到几个月后，实验结果才得到全面分析。毫无疑问，在新南威尔士州寒冷的山顶上度过的所有夜晚都得到了回报。磁罗盘的使用终于在飞行昆虫身上得到了令人信服的验证。不仅如此，他们还发现了一种全新的导航策略——包括比较视觉和磁场"快照"。这在任何动物身上都是前所未见的。

◎　◎　◎

过去曾有这样的传说：在纽约，宠物短吻鳄的幼崽被人从马桶冲了下去，后来这一物种在城市下水道温暖的地下世界繁衍生息。这听起来不是很可信，但在佛罗里达州南部，逃逸的外来宠物已经成为真正的祸害。缅甸蟒（Burmese python）是全世界最大的蛇之一。近年来，它们在大沼泽地（Everglades）的亚热带湿地安家，对当地的野生动物造成了相当大的影响。后来，它们的活动范围扩大到了佛罗里达群岛。

控制此类入侵动物传播的一种方法是将它们从它们制造麻烦的地方移走，但首先你要确保它们会留在原地——特别是考虑到澳大利亚鳄鱼的行为（见第63—64页）。

于是科学家们在大沼泽地捕捉蟒蛇，并在它们体内植入了无线电追踪器（在麻醉状态下进行），然后将它们装进不透明的密封容器中运送到36千米外的一个地方。其中6条蛇在这个偏远的地方被释放，而另外6条蛇（对照组）被直接带回它们被捕获的地点放生。

蟒蛇身上的无线电标签是由轻型飞机监控的。令所有人惊讶的是，这些被转移走的蟒蛇都朝着家的方向前进，其中有5条回到了距离捕获地不到5千米远的地方。和对照组相比，它们更活跃，移动的速度也更快，而且很明显，它们知道自己想去哪里。而对照组只是随机地四处移动。

这些成功归航的蟒蛇似乎不太可能使用航位推算，所以它们或许拥有某种基于磁场、嗅觉或天文线索的地图。此前人们从未在蛇类身上看到过这样的行为。

第二部分

圣杯

18 地图和罗盘导航

我面前摆放着一幅古老的、由英国海军部绘制的北大西洋海图。在海图的左边，北美洲海岸自北向南延伸——从哈得孙海峡入海口处的雷索卢申岛到佛罗里达州海岸的朱庇特岛。在海图的东边，北大西洋的边界以两座群岛为标志：位于遥远北方的法罗群岛和南边的加那利群岛。在海图的顶部边缘，格陵兰岛南端的费尔韦尔角也探出了它的鼻子。当然，这幅海图还是以辽阔的海洋为主。另外，这张海图上不仅点缀着显示水深的水深点，还有三个罗盘玫瑰，而且每个罗盘玫瑰上面都有一颗代表了真北的紫色星星，该装置不禁让人想起了北极星的旧名"stella maris"，也就是"海洋之星"。

这样的海图可能看起来并没有什么特别之处，但其中包含了大量来之不易的信息。当时年轻的海军军官们指挥着小帆船，而且经常要在敞舱船上工作，他们冒着生命危险，忍受着各种艰难困苦，对阿拉斯加、火地岛或者疟疾肆虐的热带非洲海岸这类偏远而危险的地区进行勘测。

他们需要进行数万次水深和罗盘方位测量，并抓住一切机会根据太阳、月亮和行星的位置准确定位。这是真正的英雄壮举。如今，电子水深测量仪、GPS和卫星成像已经大大简化了这项任务，但绘制海图仍然是一个要求非常严格的过程。

在序言中，我简要讨论了游客在抵达一座陌生的城市后可以通过哪些方法找路——在不使用GPS的情况下。我们看到，无论有没有借助地图，他们都可以做到这一点。这两种方法在概念上是截然不同的，被科学家们分别称为"以他者为中心的导航"和"以自我为中心的导航"。★

★ 技术术语分别是"allocentric"和"egocentric"。

当你按照以自我为中心的方法导航时，最重要的是如何将周围的事物与自己联系起来。因此，你需要留意那些醒目的建筑，记下自己在某个关键路口往哪个方向转弯，等等；但在每一种情况下，世界都以你为中心。我们已经看到了许多以自我为中心的导航例子——从沙漠蚂蚁到布冈夜蛾。

简单来说，以自我为中心的导航依赖于学会识别定义路线的地标，这样你就可以准确地回溯自己的足迹。因此，我们想象中的游客可以按照他们在外出路线上观察到的某种序列返回酒店，但顺序是相反的。

然后是航位推算。虽然稍微复杂一些，但它也是一种以自我为中心的导航。它包括将你走过的路线和旅行距离信息整合在一起，这样你就可以始终根据起点来确定你的位置了。使用航位推算，我们的游客将能够对酒店所在的方位和距离保持持续的感知，就像魏纳研究的那些觅食蚂蚁一样。这样一来，他们就能找到返回酒店的最直接路线，而不是简单地沿着原路回溯。

这两种以自我为中心的导航方式并不相互排斥，包括人类在内的许多动物都会同时使用它们。但是除非你能不间断地监控自己的进展，否则它们都不会奏效。如果你突然发现自己身处一个陌生的地方，不知道自己是如何抵达那里的，并且无法探测到任何可以帮助你找到回家方向的线索，那么这两种系统对你来说就没有任何用处。在这种情况下，你要么需要很多运气，要么需要用某种完全不同的方式决定自己该走哪条路。

因此，这时地图就有了用武之地，而这意味着你转向了以他者为中心的导航。

以他者为中心的导航依赖于掌握你周围事物之间的几何关系。印刷地图（比如这张北大西洋海图）提供的正是这类信息，我们如今通常依赖的数字地图也是如此。它们都基于一种坐标系统，其中经度和纬度是人们最熟悉的。

但是，除非你可以用某种方法确定自己在地图上的位置，否则它毫无用处，其中一种方法就是将你可以看到的地标与地图上代表它们的符号相匹配。但是，如果你在遥远的海上，或者在一片没有地标可供参考的毫无特色的沙漠之中，这套系统就无法发挥作用了。除非你能用其他方法来确定你所在的位置，否则你将会茫然无措——乃至彻底迷路。

我们人类有各种各样可以在不借助地标的情况下确定自身位置的工具，GPS 只是其中最新和最准确的一种。如果你能在某种小设备上读出自己的纬度和经度，那么在海图上标出你所在的位置就很简单了。然后你可以用尺子和量角器快速计算出将你带到所选目的地的路线，无论目的地在哪里。

例如，如果你的坐标是北纬 40°、西经 40°，你很快就会发现自己正身处北大西洋的中部，即位于亚速尔群岛中科尔沃岛以西约 420 海里（778 千米）的地方。如果你想去纽约，海图会告诉你，只要保持正西稍偏北的航向，就能抵达那里。

我在这里描述的这个过程被称为"地图和罗盘导航"——原因很明显。*动物导航研究者所面临的最深层次的问题之一是，这样的系统是否存在于非人类动物身上，如果答案是肯定的，那么它是如何发挥作用的。

核心问题是，当动物发现自己身处陌生之地，而且周围没有任何可供识别的地标时，它们是否可以确定自己相对于目的地的方向和距离。它们显然不能利用导航卫星，但或许像我们一样，它们有办法通过其从远处接收到的信号来确定自己的位置。例如，这些信号可能是声音、气味或地球磁场的特征。

从人类的角度来看，这是一个相当奇怪的想法，所以我在这里举一两个实际案例（或许有点别出心裁）可能会有帮助。

假设你知道啤酒花的香味来自某家特定的啤酒厂，你可以通过观察携带香味的风的方向来判断你的朝向：如果你面对着风，那么啤酒厂肯定在你前面。如果随着风向的改变，你能闻到来自另一个方向的薰衣草花田的气味，那么你就可以（非常）粗略地判断出自己在一幅标出啤酒厂和薰衣草花田的心理"地图"上的位置了。由于你依赖的是方向信息，所以这将

★　它有时也被称为"真正的导航"。

被视为一张矢量地图（vector map）。

　　你还可以利用自己接收到的信号的性质或强度变化。假设你有一张认知地图，上面以梯度的形式绘制了来自三种不同来源（也许是钟楼、打桩机和步枪靶场）的声音的响度。一系列同心圆可以将每种不同声音的强度与其声源的距离联系起来。通过（以某种方式）找出与观察到的三个信号的响度相匹配的圆圈相交的位置，你在理论上可以获得一个近似的方位。*在现实世界中，风和其他因素会让这样的系统变得非常不可靠，但整体思路是清晰的。原则上，这种梯度地图可以基于其他信号，包括嗅觉信号。

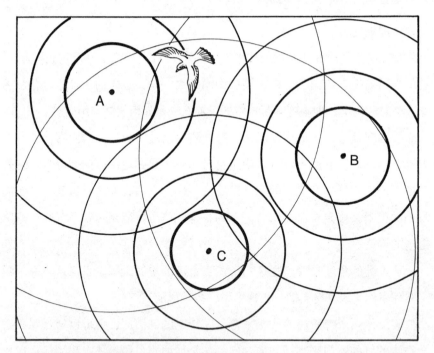

一幅假想的梯度地图。这里的A、B和C代表了不同声源。同心圆展示了声音的强度如何随着其不断扩散而减弱

　　由于局部线索——如声音或气味——通常不会传播很远，所以很难看

---

* 两个信号是不够的，因为它们的圆圈会在两个不同的地方交叉——从而产生模糊性。

到动物如何利用它们来确定自己的位置，除非这些线索的来源在附近。但有些线索在全球范围内都是可用的，例如天文或磁场线索，因此有些动物可能会用它们进行长途旅行和罗盘导航。

理论上，动物可以通过观察太阳和恒星来确定自己的位置，就像人类导航员使用六分仪那样。但这需要两个时钟，以及它正在观测的天体精确运动的详细信息。这听起来是一个相当困难的任务，而且没有证据表明真的有动物可以通过这种方式确定自己的位置。如果没有技术支持，人类肯定不能做到这一点。

使用地磁场取决于测量定义它的两个或两个以上的参数，如磁场强度和磁倾角，并且需要了解它们在地球表面的变化情况。原则上，梯度可以为动物提供一套类似于经纬度的坐标系统，这样它就可以在地磁地图上找出自己的位置。

就像我们想象中的游客一样，非人类动物也可以通过简单探索周围的环境来获得地图般的世界表征。虽然我们更容易掌握如何根据视觉信息构建这种地图，但它们并不一定如此。某些动物可能会将其活动范围内的不同地点与独特的气味或声音组合联系起来。每个这样的组合都像是一块小瓷砖，当它们拼在一起时，将共同构成一张马赛克地图的基础，这可能会帮助它们确定自己的位置（至少接近）——甚至都不需要睁开眼睛。显然，如果这些动物冒险进入它们不熟悉的地区，这样的地图就派不上用场了。

要想知道这些不同类型的地图的比例或精度是很困难的。这在很大程度上取决于相关动物的感官和认知能力，以及它所能获得的信息的质量。当然，各种地图可以并行使用。也许，在漫长的一生中，一只漂泊的信天翁可能会基于一系列不同的线索，拼合出涵盖整个海洋的矢量、梯度和马赛克地图。再加上罗盘，这些地图就可以为精确的、地理范围广泛的长途导航系统提供基础。

理论到此为止。现在我想探索这样的证据，即非人类动物实际上使用了地图，而没有依赖更简单的、以自我为中心的导航技术。

佩德克的椋鸟

这个故事发生于20世纪50年代，荷兰科学家阿尔伯特·克里斯蒂安·佩德克（Albert Christiaan Perdeck，1923—2009）开展了一系列长期实验，此类实验如今是不被允许的。在海牙附近，数千只椋鸟（包括成鸟和幼鸟）在秋季向西迁徙的途中被捕并被戴上环志。之后，它们被空运到瑞士的不同地点——距离它们正常的迁徙路线数百千米——然后被放飞。

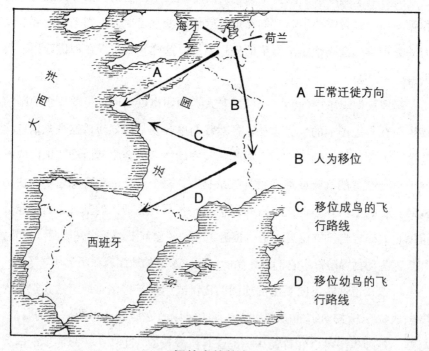

佩德克的椋鸟

有时，成鸟和幼鸟会混在一起，有时则分开。在正常情况下，这些戴着环志的鸟会从海牙向西南偏西方向飞往它们位于法国西北部的冬季栖息地，但不是所有被移位的鸟都坚持这条路线。佩德克的研究表明，成鸟通常会补偿它们的"侧向"移位，朝西北方向飞行。而大多数幼鸟在独自旅行时，仍然继续向西南方向飞行，最终抵达法国南部或西班牙。但是当这些幼鸟和成鸟一起旅行时，它们也会遵循修改后的路线。佩德克还注意到了另一件事：这些被移位的幼鸟在接下来的几年里通常会忠实地返回"错误"地——它们被移位后的首个越冬地——一个它们本来永远不会去的地方。

佩德克认为这些结果就是证据，表明成年椋鸟知道自己要去哪里，并且能够使用某种地图，而幼鸟（在依靠自己迁徙时）只是遵循遗传程序设定的罗盘方向前进，直到迁徙冲动消退时，它们才会停下。虽然佩德克认为"地图和罗盘"导航能力是与生俱来的，但他提出这些鸟只有在至少去过一次迁徙目的地后才能使用这种能力。换句话说，光凭本能是不够的，这些鸟还需要掌握一些旅程中可能会用到的地理知识。他认为，这也解释了成鸟和首次迁徙的幼鸟在表现上有所差异的原因。

佩德克的研究（它的一大优点是依赖于鸟类在野外的自然行为，而不是让它们在埃姆伦漏斗里跳来跳去）和其他类似的研究，为一些鸟类是"地图和罗盘"导航者这一猜想提供了坚定的证据支撑。但这是一个很大胆的论断，而且很难排除其他更简单的解释。也许成鸟的遗传程序决定了它们会朝着正确的方向飞行一段时间。一旦抵达合适的地点，它们可能会去学习识别一些当地信标（可能是嗅觉或听觉方面的），而这些信标将在未来几年把它们吸引回来——即使是从很远的地方。或者它们可能只是在沿途熟记了一系列地标。它们用的是天文或磁场线索，还是上述这些线索的结合？

鸽子是鸟类世界中的"实验鼠"，对它们开展的研究比对其他任何鸟类都多。一些研究者认为，鸽子非凡的归巢能力只能用一个原因解释，即除了磁罗盘之外，它们还可以使用某种地图——一种并不基于视觉信息的地图。

这一主张最令人吃惊的证据之一来自一系列实验，在这些实验中，一些鸽子被戴上磨砂隐形镜片，以防止它们识别任何地标。即使被转移到130千米外的地方，这些鸽子通常也能找到回家的路，回到距离鸽舍数千米远的地方，不过和那些戴透明镜片的鸽子相比，它们做到这一点的难度大得多。另外，那些在麻醉状态下被送到未知的遥远之地（这排除了它们已经掌握外出路线或使用航位推算的可能性）放飞的鸽子也能成功归巢，这一令人费解的事实也需要一个解释。

假设鸽子确实利用气味来帮助它们导航，那么它们就有可能像飞蛾一样追随气味踪迹。但是只有当鸽子碰巧发现自己身处阁楼的下风向时，这种办法才会奏效。所以也许它们使用了某种嗅觉地图。这种嗅觉地图可能是以某种后天习得的气味模式拼合而成的马赛克地图（尽管这不能解释鸽子是如何从陌生地点归巢的），也可能是基于梯度——例如，形成独特"芳香"的单一气味在相对强度上表现出的地区差异。

后一种说法听起来可能有些牵强，但一些证据表明，尽管有空气湍流的影响，但各种化合物的混合物在广阔地区内的分布是稳定的，因此原则上可以支持这种梯度地图。但是由于还没有人证明鸽子在飞行时使用任何自然产生的气味组合，所以该理论仍然只是推测。

次声也可能为梯度地图提供了基础，尽管哈格斯特勒姆的假说表明鸽舍区域的次声"标签"起到了信标的作用，而在这种情况下，鸽子就没必要调用"声学"地图了。

赛鸽爱好者经常报告说，他们的鸽子对扰乱地磁场的太阳风暴很敏感。它们还可能受到地壳中磁性物质的局部集中所引起的磁场异常的干扰。这些观察结果鼓励了这样一种观点，即地磁场信息可能对鸽子很重要，而且经常有人说，鸽子可以使用某种地磁场地图。这样的地图很有可能是基于地磁场的梯度，但鸽子也有可能将磁场异常用作简单的地标。

但是基于磁场强度和磁倾角的磁梯度地图并不十分准确，也很难看出鸽子如何使用它们成功归巢。这是个简单的物理学问题。虽然磁场强度和磁倾角都显示出强烈的南北梯度——因此可以帮助鸟类确定其纬度——但在世界上的大部分地区，它们在东西方向上只有极其轻微的变化。

这并不是地磁场地图假说支持者面临的唯一困难。磁场强度的每日变化将完全淹没鸽子在方圆数千米之内检测到的它们赖以归航的非常微小的变化。亨里克·穆里森是这样向我描述这个问题的：

> 有一个非常简单的考虑因素。磁北极的磁场强度是多少？大约是6万nT。磁赤道的磁场强度是多少？大约是一半，即3万nT。所以两者之间相差3万nT。从赤道绕过两极的地球周长是多少？大约是4万千米。因此从赤道到极点的距离大约是这个距离的四分之一，也就是1万千米。那么平均每千米的磁场强度变化有多大呢？只有3nT。但是每天的变化是多少呢？30~100 nT。

理论上，鸽子仍然有可能通过计算一段时间内的平均信号来有效地利用强度梯度导航，但它们只有在移动得非常缓慢或者频繁停下的情况下才能这样做——而这并不是这些鸽子的实际行为方式。

因此，磁场强度（磁倾角）地图根本不足以让鸽子成功归巢。

但这并不意味着磁梯度地图对其他动物没用。精准定位是一项非常严峻的导航挑战，一些候鸟——以及乌龟、鲑鱼和龙虾等动物——也许能够将地磁梯度地图用于其他要求不高的目的。

◎ ◎ ◎

我们已经看到偏振光对昆虫的重要性，也有证据表明候鸟可能会利用它来帮助校准自己的太阳罗盘，不过它对海洋动物可能也有导航价值。

50多年前，塔尔博特·沃特曼（Talbot Waterman）展示了电矢量模式在水下是可见的，甚至在200米深的水下也是如此。它们的方位与太阳的位置直接相关，因此可以用来确定方位，使用方法和天空中的电矢量大致相同。因此，人们很早就意识到了水下电矢量可以作为太阳罗盘的基础，但新的研究表明，水下电矢量还可以帮助动物确定自己的位置。

利用一种模拟螳螂虾（mantis shrimp）视觉系统的偏振传感器，科学家们已经证明，动物原则上可以计算出太阳的方位和高度，从而确定自己的大致位置。在世界各地不同地点、不同深度和不同时间所做的记录表明，这样的系统可以产生令人惊讶的精确定位和罗盘航向。

我们已经知道，很多海洋动物（包括鲑鱼在内）对偏振光敏感，但是由于这种导航系统和其他形式的天文定位系统带来的问题是一样的，所以很难相信真的有海洋动物会使用它。然而，我们以前也曾对此感到震惊过，所以最好还是保持开放的心态。

19   鸟类能解决经度问题吗?

很长一段时间以来，科学家们一直在试图弄清楚地图在鸟类导航中发挥的作用（如果确有其事的话），但直到最近，情况仍然非常混乱。这个问题真的很难，而得出一致结果的困难可能也反映了这样一个事实，即人们已经研究了如此多不同物种：毕竟，椋鸟与鹱差异巨大。但情况正在发生变化。在过去10多年里，大量实验已经产生了令人信服的——甚至可以说是决定性的——证据，表明一些鸟类可能确实使用了某种形式的地图和罗盘导航。

2007年，卡斯珀·托鲁普（Kasper Thorup）发表了一项不同寻常的研究结果，这项研究提供了首个确凿证据，证明在白天迁徙的候鸟［在这项研究中是白冠带鹀（white-crowned sparrow）］能够以某种方式补偿东西方向的长距离移位。它们似乎可以感知到经度的大幅变化。

托鲁普在华盛顿州的一个中途停歇地捕获了一些白冠带鹀（成鸟和幼鸟都有），它们当时正从位于加拿大和阿拉斯加的夏季繁殖地赶往美国西南部和墨西哥的越冬地点。随后这些鸟被空运到东部的新泽西州普林斯顿（这段距离长达3700千米），在那里，研究人员将微型无线电追踪器（只有半克重）粘在了它们的背上。

休息一两天后，这些鸟被放飞：幼鸟在一个地点，成鸟在另一个地点，以免幼鸟会追随它们的长辈。在两架轻型飞机上的观察者的帮助下，共有30只鸟被追踪（15只成鸟和15只幼鸟）。每只鸟的最后一站中途停歇地都会被记录下来，然后研究人员再根据这些信息计算出它偏好的迁徙方向。

这些鸟的正常迁徙路线是向南的，但那些被移位的成鸟的迁徙方向总是偏西，似乎是为了补偿对它们毫无帮助的横贯大陆之旅。另外，缺乏经验的幼鸟则向南行进，似乎完全没有意识到自己被耍了。

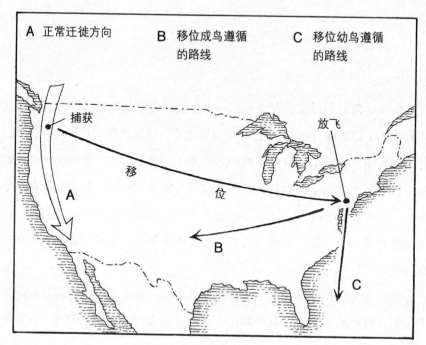

A 正常迁徙方向　　B 移位成鸟遵循　　C 移位幼鸟遵循
　　　　　　　　　　　的路线　　　　　　的路线

捕获

放飞

移

位

A

B

C

托鲁普的白冠带鹀

托鲁普的结论是，这些成鸟肯定掌握了一幅可以在大陆上甚至全球范围内使用的"导航地图"。这使它们能够确定自己的位置，即便是在长途横向移位之后，而幼鸟则依赖某种更简单的、与生俱来的定向程序。

托鲁普认为磁场线索可能是构成白冠带鹀的地图感知的基础，但他也承认美国东西海岸之间的磁场强度差异太小了，没有任何导航价值。他推测，它们可能利用了天文或嗅觉线索，但排除了它们可能使用某种形式的航位推算来追踪自身位置变化的可能性，因为距离太远了。

俄罗斯科学家尼基塔·切尔涅佐夫（Nikita Chernetsov）和德米特里·基什基耶夫（Dmitri Kishkinev）与穆里森在德国的团队合作进行了一系列实验，进一步证明鸟类具有地图感知能力。

在春季迁徙期间，芦苇莺（reed warbler）途经波罗的海沿岸的雷巴奇，前往其位于东北方向的遥远繁殖地。切尔涅佐夫在那里捕获了一些芦苇莺，然后将它们空运到正东1000千米外的莫斯科附近的一个地方。因此，这些鸟所在的纬度没有发生任何变化——这种变化可以通过磁倾角或恒星罗盘来检测。如果这些鸟没有意识到自己进行了向东的旅行，它们大概仍然会想向东北方向飞。但是在晴朗的星空下，当它们在埃姆伦漏斗中接受测试时，成鸟表现出了向西北方向行进的强烈愿望——这正是将它们从新地点带到繁殖地的正确方向。它们似乎知道自己身上发生了什么事，并相应地纠正了自己的路线。然而，幼鸟则试图朝东北方向飞行。

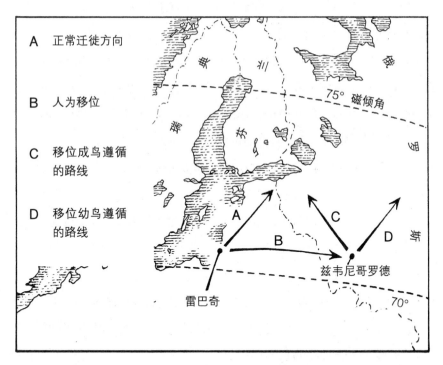

雷巴奇的芦苇莺：注意，这两个地点的磁倾角没有差别

切尔涅佐夫指出，雷巴奇和这些鸟的移位地点之间的磁场强度略有不同（3%的差异）。因此，从理论上讲，它们可能已经能够利用这一线索来检测经度的变化。但这似乎不太可能。

另一种可能是，这些鸟利用这两个地点日出和日落时间的差异来计算经度差异。这意味着它们有两个内部时钟：一个时钟保持着雷巴奇的时间，另一个时钟快速调整到新地点的太阳时。

虽然没有证据表明鸟类可以进行这种比较，但哺乳动物的"昼夜节律钟"（由大脑中的下丘脑部位控制）的确包含两种类型的神经元，其中一种会对白昼时长立即做出反应，而另一种则需要6天时间才能调整过来。这两种时钟也许能让哺乳动物（或许还包括鸟类）探测到经度的变化。

为了验证这个有趣的"双时钟"想法，基什基耶夫进行了一项实验，在这项实验中，他对迁徙的芦苇莺进行人为时钟变换。首先，他在埃姆伦漏斗中测试了芦苇莺，以确定它们通常偏好的迁徙方向。之后，基什基耶夫没有将它们从雷巴奇转移出去，而是通过人为地改变日落和日出时间，让它们产生轻微的"时差反应"，以适用莫斯科附近的地点。如果这些鸟真的是依赖双时钟系统追踪经度的变化，那么这些"倒时差"的鸟应该会改变它们的偏好方向，但它们没有这样做。这有力地证明了这些被移位的鸟一定是用了其他机制来确定自己的位置。

这些鸟是否使用某种形式的惯性航位推算追踪它们的东行轨迹？它们是在使用嗅觉或听觉线索，还是在秘密地进行某种形式复杂的天文导航？

切尔涅佐夫和基什基耶夫通过一项实验巧妙地排除了这些可能性，在实验中，芦苇莺根本没有被移动。相反，他们只是用一个改变了的磁场包围它们，该磁场与往东1000千米处的磁场的特征完全一致。这些鸟再次改变了它们的偏好方向：实际上，这种反应"与实际向东移动1000千米后看到的反应没有什么区别"。由于其他一切都没有改变，它们唯一可能使用的线索就是磁场。但线索到底是什么呢？

这个研究小组还发现，如果连接芦苇莺上喙和大脑的三叉神经被切断，芦苇莺就不能补偿向东的移位了。这说明"某种地图信息"正是通过这条通道传输到大脑的，但目前仍不清楚这种信息可能是什么，以及它来自哪类感官。

磁倾角

如果磁场强度和磁倾角的测量不能提供关于经度变化的有用信息，也许磁偏角才是关键。

你可能还记得，磁偏角是真北和磁北之间的夹角，它在地球表面变化很大。切尔涅佐夫和他的同事们已经测试了磁偏角的变化是否会影响芦苇莺秋季时向西南偏西方向的迁徙行为。在这个过程中，他们有一个非常有趣的发现。

这一次，他们将成鸟和幼鸟都暴露在一个改变了的磁场中，而且这个磁场与雷巴奇当地磁场的各方面大体一致，只有一个方面例外，即磁偏角被逆时针旋转了8.5°。改变后的磁场与苏格兰小镇邓迪（Dundee）附近的磁场非常相似，该地位于雷巴奇以西1500千米外，远离它们正常的迁徙路线。这些鸟能够获得的所有信息——磁场强度和磁倾角、嗅觉、天文线索和听觉信息——都必须保持不变，并且还会让它们知道自己仍在雷巴奇。

结果令人振奋。当时在没有月亮的星空下，他们在埃姆伦漏斗中进行测试，发现成鸟的反应是"平均朝向发生了151°的剧烈变化"——从西南偏西变成了东南偏东——如果它们真的在邓迪，那么这个航向就能把它们带到预期的目的地。相比之下，暴露在同样的磁偏角变化中的幼鸟并没有改变它们的方向，只是感到迷茫。

要想根据磁偏角的变化改变自己的迁徙方向，芦苇莺必须追踪真北和磁北这两个方位之间的差异。但这要怎么实现呢？最有可能的猜测是，它们通过检查拱极星的旋转模式来确定真北的位置，然后再将其与磁倾角罗盘提供的信息进行比较。

根据托鲁普的观察（以及佩德克更早期的研究），新的研究表明，经验丰富的老鸟已经掌握了它们正常迁徙路线的相关信息，而这些幼鸟还不知道。因此，补偿经度变化的能力是一项后天习得的技能，不是与生俱来的。

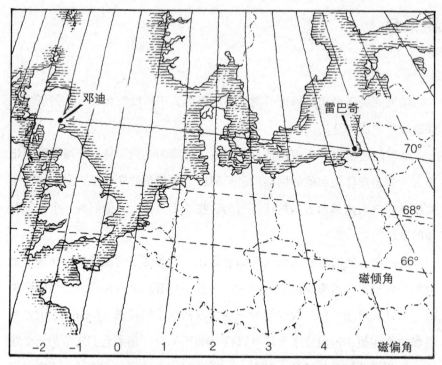

邓迪

雷巴奇

70°

68°

66°

磁倾角

-2 -1 0 1 2 3 4 磁偏角

迁徙中的芦苇莺能够通过感知磁偏角的变化来确定自己所在的经度

穆里森承认，埃姆伦漏斗是一种高度人工化的环境，但他指出，实验者至少可以确切地知道里面发生了什么。另外，输入信号也是可控的，而且可以一次改变一种因素。穆里森对鸟类进行了一次测试，即将它们扔向与此前它们在实验期间跳跃的方向相反的方向，然后观察它们的去向。它们通常会返回"正确"的方向。于是他得出结论，埃姆伦漏斗测试的结果与观察到的自由飞行的鸟类的行为相当一致。

然而，安娜·加利亚尔多对此表示怀疑。在过去，鸽子导航能力的评估方式通常是使用双筒望远镜观察它们，直到它们从视野中消失。有时在这个阶段，那些朝鸽舍方向飞去的鸽子并没有返回鸽舍，相反，一些最开始定向错误的鸽子却成功返回了。因此，加利亚尔多认为，在埃姆伦漏斗中测试鸟类并不是确定它们真正的航向偏好的可靠方法。

还有一个问题，即因为这些鸟可以探测到的磁偏角差异很小，所以它们的恒星罗盘和磁倾角罗盘必须非常准确。一种可以用来测试这些鸟是否真的可以探测出磁偏角差异的方法是，观察它们在恒星被隐藏起来或者群星的旋转中心在星象仪中被移动时的反应。理想情况下，在雷巴奇开展的这些实验可以在装有GPS追踪器的自由飞行的鸟类身上复制，但这在技术层面上非常具有挑战性。

尽管这件事尚未尘埃落定，但我们现在第一次拥有强有力的证据（尽管不是决定性的证据），表明鸟类可以同时使用地磁场和天文线索来解决经度问题。

以广阔海洋中的丰富食物为能量补给的鲑鱼，是如何找到它们出生河流的入海口的呢，尤其是当这些入海口可能位于几千千米外的某个地方时？

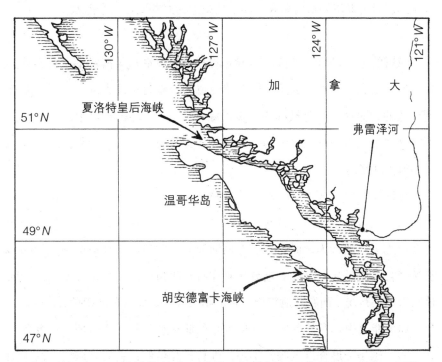

鲑鱼沿着两条不同的路线从太平洋的开阔海域返回弗雷泽河产卵：夏洛特皇后海峡或胡安德富卡海峡

地磁场的优点之一是它无处不在：无论你在哪里——陆地上、空中甚至是海底，只要有合适的传感器，你都可以探测到它。既然鲑鱼能在地球的磁场中定向，那就很容易想到鲑鱼的跨洋定位系统可能依赖地磁场。但对广阔海洋中的鱼类开展实验显然并不容易。

内森·普特曼（Nathan Putman）发现，红鲑鱼（sockeye salmon）的捕捞记录被保存了56年之久，以帮助加拿大和美国当局解决关于如何在两国之间分享这些资源的争端。他特别感兴趣的是在不列颠哥伦比亚省弗雷泽河繁殖的鲑鱼。它们从温哥华市中心南边入海，距离落基山脉中的出生地1375千米。

在返回出生地产卵前，这些鱼通常会在海里生活两年。面对横亘在前方的长长的温哥华岛，它们要想前往弗雷泽河河口，只有两个选择，即要么从北边通过夏洛特皇后海峡，要么从南边途经胡安德富卡海峡。

渔场的记录显示，来自不同方向的鲑鱼的数量每年都发生了有趣的变化。这一信息本身没什么用，但普特曼也知道温哥华岛周围的地磁场是逐渐变化的，而这一变化被称为"缓慢漂移"（secular drift）。他想知道，如果将这两个过程——渔获量的变化和缓慢漂移——比较，能否揭示这种鱼是如何找到路的。

普特曼发现，这种鱼更喜欢通过磁场强度与河口附近磁场强度差异最小的通道接近弗雷泽河。看起来好像这些鱼在离开河流时，对这里的磁场特征产生了印随行为，而当它们返回河流时，则使用某种磁场强度传感器来选择自己所遵循的路线。这意味着在有些年份红鲑鱼会选择南边的胡安德富卡海峡路线，而在其他年份，它们则会选择北部的夏洛特皇后海峡。

你可能会想，既然磁场强度信号是如此嘈杂和不精确，那么红鲑鱼是如何利用磁场强度梯度的呢？不过，鲑鱼不是信鸽：它们只需要在两条相距数百千米的宽阔海峡之间做选择，因此不需要很高的精确度。普特曼认为，这种鱼从它们位于阿拉斯加湾的觅食地穿越开阔海域返回故乡时，可能使用了地磁场地图。

但是当这种鱼接近弗雷泽河的河口时,它们可能更多地依赖嗅觉信息,而不是磁场信息。此后,普特曼又展开了进一步的实验,这些实验的结果表明,年幼的鲑鱼在首次出海时,可能会利用磁场强度和磁倾角信号的组合来设定前往大洋中部觅食地的路线。

普特曼的发现很有趣,但鲑鱼可以使用地磁场地图的证据并不明确。就像在俄罗斯鸟类的相关案例中看到的那样,这些实验鱼确实使用了某种更简单的机制——可能是基于磁性地标或信标——的可能性还不能排除。

◎ ◎ ◎

受惊的鹿往往会成群结队地跑开,而且都朝着同一个方向。这可能意味着它们能更好地避免碰撞,并且在脱离危险后能够更容易地重新集结。但它们是如何决定走哪条路的呢?

为了尝试回答这个问题,科学家们最近在捷克各地的不同狩猎场恐吓了188个不同的西方狍(roe deer)群体。他们发现,即使考虑到其他可能的因素,例如风和太阳的方向,西方狍也更喜欢向磁北或磁南方向寻找庇护。如果威胁来自南边或北边,它们会朝着相反的方向逃去;而如果威胁来自东边或西边,它们的逃生路线则倾向于北方或南方。如果可能的话,它们尽量避免往东或西逃跑。研究还发现,当西方狍安静地吃草时,它们倾向于将身体与地磁场的南北轴对齐。

这些发现表明,西方狍对地磁场很敏感,并且会利用它来协调自己的逃逸行为——人类首次在哺乳动物身上发现这一现象。

20 海龟的导航之谜

一只雌海龟将身体从海里费力地拖出，然后爬上沙滩的斜坡开始筑巢，这幅场景，任谁看了都会为之动容的。所有的努力和奉献都是母爱的有力象征，或者如果这对你来说太过拟人化了，也可以说它展现的是动物繁殖冲动的压倒性力量。

但在动物导航科学家看来，雌海龟之所以令人着迷还有另一个原因：它们非常擅长归巢，而且现在看来很明显的是，它们在很大程度上依赖磁场线索寻找方向。

保罗·卢斯基不仅是鸽子研究方面的专家，还是为数不多的在野外对海龟进行广泛研究的科学家之一。这通常需要他在海龟上岸筑巢时，将跟踪装置安装在它们的壳上。当我在比萨见到卢斯基时，他向我讲述了在这类工作中遇到的挑战。

海龟是巨大而强壮的动物：例如，绿海龟（green turtle）身长约1米，可能重达200千克或更多。当它们从海里上岸时（通常是在夜晚），它们会用前肢将自己拖到海滩上，然后再爬到有植被的地方。

一旦找到合适的筑巢点，它们就会先挖出一个被称为"体坑"的浅洼地。然后它们以惊人的速度建造一个大致呈圆柱体的"卵室"（用卢斯基的话说，"一座非常漂亮的建筑"），并用后肢不断清理里面的沙子。通常情况下，如果海龟对结果不满意，它们要么直接放弃并返回大海，要么重新开始，而这让等待的科学家们十分沮丧。

如果绿海龟对卵室感到满意，就会开始产卵，通常会产下80~100颗卵，每颗卵大约有乒乓球大小，触感柔软。一旦开始产卵，它们就不会停下，也不再表现出恐惧的神情。这就是它们的生命价值。实际上，要想分散它们的注意力几乎是不可能的，卢斯基说："这时，你可以对它们做任何事。"

这是研究人员等待已久的时刻，但他们必须迅速行动，因为产卵可能仅持续半个小时。在安装追踪器之前，他们必须先清洁龟壳，首先使用砂纸，然后再用丙酮清洗。接下来，他们用防水环氧树脂将追踪器粘在龟壳上。海龟们似乎并不介意。

海龟产完卵后，会小心翼翼地用后肢将沙子盖在卵上，然后再用那强有力的前肢快速填平体坑。现在砂石飞扬，研究者必须小心，以免被打到，否则可能会很疼。海龟的目的是隐藏筑巢地点，不让潜在的入侵者发现，一旦巢穴被完全覆盖，它们就会直接返回海洋。如果树脂此时还没有干，就可能需要阻止海龟回到水里。

用武力做到这一点并不容易，因为它们的决心很大：这有点像试图阻止一辆"小坦克"，需要两三个人才能阻止它们前进。但是没有必要这样做，你要做的就是让海龟看到手电筒的光，然后它们会跟着光走。用卢斯基的话说，这有点像遛一条又大又慢的狗。

在过去30多年里，科学家们已经揭示了这些神奇的爬行动物的导航能力，而且这种能力至少和鲑鱼的导航能力一样令人印象深刻，尽管直到20世纪50年代，它们还只是民间传说而非科学研究课题。

渔民们有很多关于海龟返回它们出生海滩的故事，但关于它们是如何生活的，人们知之甚少——除了它们定期在某些海滩上筑巢，并且会在这期间四处旅行。人们对它们感兴趣的主要原因是它们非常美味。过去，伦敦市长宴会——每年为有钱有势的人举办的一场奢华晚宴——上总是会有海龟汤这道美味。如今，海龟汤早已从伦敦的菜单上消失，但在它们通常筑巢的那些热带国家，海龟和它们的卵是一项重要的收入（和蛋白质）来源，因为那里的很多人以海龟肉和龟卵为生。这可能会在保护需求和人类需求之间造成尴尬的紧张关系。

阿奇·凯尔（Archie Carr, 1909—1987）是最早在野外研究海龟的科学家之一。早在保护自然成为一项大众事业之前，他就已经是一名有影响力的环保主义者。另外，他在说服当局在哥斯达黎加东海岸的托图格罗建立一个国家公园——也是世界上第一个海龟保护区——这件事上发挥了重要作用。佛罗里达州东海岸还建立了一个以他的名字命名的野生动物保护区。

为了更多地了解绿海龟在离开筑巢海滩时会做些什么，凯尔首先尝试通过在雌海龟身上系气球来追踪它们。但这只适用于相当短的距离，因此他效仿鸟类研究者的做法，开始给它们做标记。这件事进展得并不顺利。最早是将坚固的铁丝绑在海龟的壳上，但是这些标签常常在海龟还没离开筑巢地之前就脱落了。

虽然雌海龟在周期性的产卵间歇做了什么仍然是个谜，但有一点是肯定的——"许多热烈的浪漫之事"就发生在近海，人们很快就发现，标签的丢失是发情的雄海龟所为：

> 恋爱中的雄海龟勤奋得惊人……为了让自己在雌海龟那光滑、弯曲、潮湿、被波浪抛光的龟壳上保持交配姿势，它使用了三点式擒抱姿势，通过它那又长又粗、末端带尖角的弯曲尾巴以及每条前肢上粗重的钩状爪子。当然，海龟也需要呼吸空气……因此，在激烈的交配过程中，两性都会自然而然地试图到水面上去。这增加了雄海龟的操作难度，并加剧了它对目标雌海龟外壳的疯狂刮擦和扭打程度……在此期间，其他的雄海龟则会聚集在一起，在一场巨大的、起泡的混战中争夺雌海龟，我们在岸上看不到任何东西，只能在脑海中想象这种相当兴奋的场面。

最终，凯尔开始将家畜跟踪标签贴在海龟的前脚蹼上而不是龟壳上，而且事实证明，这样做的效果更好。但他认为，这项标签项目之所以能成功，很大程度上归功于每返回一个标签就提供5美元的奖励机制。对20世纪50年代的加勒比海渔民来说，这是一笔不小的数目，而且更重要的是，这比市场上一只海龟的售价还高。

　　随着越来越多的标签被返回，凯尔能够证明关于海龟迁徙和归巢的那些看似无稽之谈的故事其实是完全合理的。海龟出海时是如何找路的，这是他无法解开的一个大谜团，但他通过定义许多需要回答的关键问题，迈出了重要的第一步。

　　凯尔对绿海龟尤其感兴趣，它们从巴西海岸的觅食地出发，最终抵达阿森松岛的海滩繁殖和产卵。阿森松岛是"非洲和南美洲之间海域中的一小块陆地"，面积非常小，位置偏远，有时甚至连人类导航员都找不到它。"二战"期间，从美国途经巴西和非洲前往缅甸的飞机将这里作为补给站——但是如果他们没有找到这座岛屿的话，就只能在南大西洋上迫降。飞行员中流传着这样一种说法，即"虽然你错过了阿森松岛，但你老婆可以拿到养老金"。毫无疑问，这句话浓缩了导航者的心得。

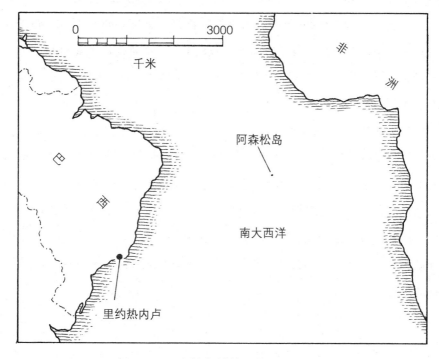

阿森松岛的偏远位置

　　那么海龟是如何找到阿森松岛的呢？凯尔意识到，在这段约2250千米的旅程中，视觉地标对它们来说是无关紧要的，尽管海龟或许可以从相当远的距离之外看到岛中心的火山山峰（海拔859米）。他很清楚当时已经有人在昆虫和其他动物身上发现罗盘感知能力，所以他想知道雌海龟是否也拥有类似的能力。但是，如果它们仅仅依靠罗盘感知来指引自己，那么"在游了1000英里后，它们还能恰好抵达仅5英里宽的目标吗"？

凯尔认为，即便没有洋流问题需要应对，这也是一项令人难以置信的寻路壮举。因为海龟将会面对一股稳定的西行洋流，更不用说偶尔汹涌的海浪了，所以凯尔总结道："仅凭罗盘是无法完成这项任务的，导航过程肯定还涉及很多其他因素。总有一天我们要解开并解释这一谜团，即动物如何……找到它们定期造访的所有岛屿。"

凯尔推测，从阿森松岛散发出的某种气味或味道可能会发挥像信标一样的作用，并在海面上扩散开来。但这似乎不太可能是答案，因为若真如此，海龟将被迫像飞蛾一样，沿着一段漫长的、令人精疲力竭的曲折路线追踪气味羽流的源头。他还想知道，海龟是否会沿着海底的轮廓线移动，或者是根据声音——也许是它们捕虾时发出的异常响亮的噪声——定位，但他并没有考虑到次声。

其他机制也是有可能的，例如，惯性导航或天文导航，尽管还没有可供深入研究的证据。他甚至考虑过所谓的"科里奥利力"。当海龟向北或向南移动时，它们或许通过探测由地球自转引起的加速度的微小变化，就可以估计出自己所在的纬度。但这似乎太牵强了。最后，他讨论了地磁场可能发挥的作用。虽然当时（20世纪60年代中期）还没有确凿的证据表明任何动物都可以利用磁场进行导航，但他不无道理地认为，这是一个很有前途的研究方向。

绿海龟的归巢之旅

解决凯尔提出的那些有趣问题的任务就落在了下一代海龟研究者身上，弗洛里亚诺·帕皮和他的学生保罗·卢斯基是其中的领军人物。

尽管帕皮以研究鸽子嗅觉导航而闻名，但他始终坚称自己并非鸟类学家，而是动物行为学家：他着迷的是动物如何导航，而不是任何特定动物的行为。另外，他对20世纪80年代末出现的新追踪技术也很感兴趣。

20世纪90年代初，帕皮在一次会议上偶然遇到两名马来西亚研究人员。他们当时正在使用短程无线电发射器追踪海龟，充满好奇心的帕皮对此非常感兴趣，于是他决定去研究海龟的导航情况。于1989年毕业的卢斯基当时正在研究鸽子，当帕皮神秘地问他是否愿意去热带地区旅行时，他完全被惊到了。卢斯基很难拒绝这样的邀约，尤其是当帕皮最终透露他的想法时。

于是在1993年，这名年轻的研究者动身前往偏远的热浪岛（位于马来西亚东海岸），进行他的首次海龟实验。他之前从未去过欧洲以外的其他地方，他被海滩上未被破坏的美景迷住了，而那里的绿海龟会在几个月的时间里反复数次爬上这片海滩筑巢产卵。

他的首次长途旅行的时间是由意大利的暑假决定的。7月并不是最佳时机，因为这是海龟交配季的中期，而且安装在雌海龟身上的追踪设备很有可能会被过度兴奋的雄海龟扯掉。秘诀就是在产卵周期的最后阶段找到一只雌海龟，而它离开海滩时会径直向大海游去。

让事情变得更复杂的是，他们使用的第一批追踪设备被证明极易发生渗漏和故障。但是，正如卢斯基所说，帕皮是个幸运的人。尽管困难重重，但该研究小组在马来西亚同行的帮助下，还是设法从一只迁徙的绿海龟身上获得了一些最早的卫星追踪数据。

其中一只雌海龟从筑巢海滩长途跋涉600多千米后，最终抵达其位于中国南海的遥远觅食地。比它跨越的距离更令人印象深刻的是，它在最后475千米的航程中保持了稳定的前进方向。

从大部分时间都待在水下的动物那里获取准确的位置信息是很困难的。卢斯基使用的发射器通常需要几秒钟的时间才能将足够的数据传输到卫星上；它们只能在海龟浮出水面呼吸时做到这一点，而海龟的呼吸时间极为短暂。因此，定位地点可能很少且相互之间的距离十分遥远，而且即便在最好的情况下，也不是很精确。但如今追踪设备可以和GPS结合，提供更精确的位置。

由于有鸽子研究方面的背景，帕皮自然而然地热衷于对海龟进行迁移实验。1994年，当时还是博士生的卢斯基回到了马来西亚，但这次帕皮没有同行。他和他的团队成功地追踪了一只被移位的绿海龟是如何返回筑巢海滩的，后来他们还绘制了几只海龟在更长的迁徙旅程中所遵循的路线。

结果令人震惊：其中一只海龟从马来西亚一路游到婆罗洲北部，还有一只游到了菲律宾南部。他们再一次发现，海龟沿着笔直的路线行进，而且这一次的距离轻松地超过了1000千米。

帕皮和卢斯基接下来去了南非，在那里，他们对赤蠵龟（loggerhead turtle）和巨大的棱皮龟（leatherback）展开了研究，后者是一种令人印象深刻的生物，尺寸和一辆老式菲亚特500汽车差不多大，坚韧如皮革的背部分布着深深的脊纹。这一次，他们和纳塔尔公园委员会主任乔治·休斯（George Hughes）合作，后者从20世纪60年代起就开始给海龟做标记。

在一项迁移研究中，他们发现雌赤蠵龟可以在70千米之外的某地找到返回筑巢地的路。后来，他们追踪了一只行程将近7000千米的棱皮龟，在很长一段时间内，这只动物几乎是沿着直线前进，不过这种现象的部分原因可能是强大洋流的影响。

卢斯基和他的同事们后来去了阿森松岛，开始探索自由活动的绿海龟的导航能力。就像田野调查中经常会出现的情况一样，结果并不明朗。在一项迁移研究中，他们在岛上捕获18只雌海龟，然后在安装好追踪器后，将它们放回了60~450千米之外的开阔海域——以海龟的标准来看，这不算太远。其中4只直奔巴西（它们的觅食地）游去，还有4只绕了一段时间的圈子之后最终朝巴西游去，因此只有10只海龟返回了阿森松岛。

那些返回阿森松岛的海龟的导航表现很差。除一只外，其他9只海龟的返回路线都是迂回的，直到最后一段才变直，"就好像海龟在寻找与岛屿的某种感官接触，而它们在不同距离上才能获得这种接触"。大多数海龟是从下风向接近阿森松岛的，这让卢斯基认为它们依赖的是从岛上吹来的"风载信息"——可能是气味羽流。

后来的一项研究更明确地指出了嗅觉对绿海龟归巢的重要性。这一次，研究人员将安装了卫星追踪器的雌海龟从阿森松岛上的海滩上用船运到了50千米外的一些地点——有的位于上风向，有的位于下风向。在下风向放生的那些海龟在几天内就回到了岛上，而那些被转移到上风向的海龟在返回这座岛屿的途中遇到了很多困难。

实际上，其中一只上风向海龟在被追踪了59天后，仍然未能找到阿森松岛，尽管它此前已经抵达距离该岛仅26千米远的地方。因此，看起来很有可能是从岛上吹来的气味羽流帮助下风向的海龟找到了返回那里的路，尽管这一证据并不是决定性的。

卢斯基后来在科摩罗群岛进行了一项极具挑战性的研究：这是印度洋中的偏远群岛，位于马达加斯加和非洲之间。他的目标是搞清楚人造磁场是否会影响绿海龟的归巢表现。由于筑巢海滩只能通过海路抵达，所以卢斯基驾着一艘小游艇前往了那里，而对一个晕船很严重的人来说，这并不是什么有趣的事。该团队设法用临时组装的担架将海龟弄到了游艇上，尽管这个过程很艰难：团队中有一名身材魁梧的橄榄球运动员，这对这项任务的完成大有益处。但后来强风阻止了他们离开潟湖的庇护。

在他们等待风势减弱的时候，卢斯基已经感觉不舒服了，但当他们驶向大海时，情况变得更糟了。他们用了12个小时才抵达放生地点，一路上他晕船严重，而最终抵达那里时，他几乎站不起来了。在返回马约特岛的途中，由于燃料不足，他们不得不使用船帆。虽然没有发动机的噪声让人松了一口气，但旅途时间比计划的长了许多，而且因为没有无线电话，他们也不能告知同事这场延误。当卢斯基和他的船员们高兴地回到干爽的陆地上时，岸边的其他同事在看到他们后都松了一口气。

在这次探险中，卢斯基和他的法国同事在距离莫桑比克海峡100~120千米远的一些地点放生了20只海龟。其中13只海龟的头上系着磁铁。最后，除一只海龟外，其他所有海龟都设法回到了马约特岛，尽管并不总是沿着直达路线行进；它们似乎不考虑洋流的影响。但是，那些头部有磁铁妨碍的海龟则沿着更长的路线返回。这是来自该领域的首个证据，表明海龟实际上可能会利用磁场信号来导航。

$$\odot \quad \odot \quad \odot$$

很多海鱼会产卵，而这些卵孵化出的幼体会像浮游生物一样自由漂浮。这些幼体最终成长为能够返回受孕地点的成鱼的可能性看起来相当低。然而，这似乎正是大西洋鳕（Atlantic cod）身上发生的事。

应用于鱼耳朵（耳石）内部骨骼的DNA指纹技术现在让科学家们能够准确地确定这些动物的一生是从哪里开始的。最近的一项分析着眼于从格陵兰岛西海岸附近水域捕获的带标签的鳕鱼身上收集的存档耳石（这一收集过程超过了60年）。分析结果表明，后来在冰岛海域发现的那些带标签的鳕鱼，其中有95%来自冰岛海域。因此，它们在返回冰岛之前，肯定去过格陵兰岛（在那里，它们被加上了标签）。这是令人信服的证据，表明鳕鱼可以在1000千米或更远的距离之外成功归巢。

虽然我们还不知道鳕鱼是如何找到回家的路的，但它们确实找到了，这一事实对渔业管理至关重要。

21   哥斯达黎加大抵达

北卡罗来纳大学教堂山分校的教授肯·洛曼说话轻声细语，还有点害羞。在回答问题时，他总是会犹豫地答道："嗯，现在让我看看。"然后在脑海中收集所有的事实。没有人比他更清楚海龟是如何利用磁场的，而他在过去30年里的非凡发现如今也已成为动物导航研究领域的基石。

我有幸在洛曼的陪伴下度过了整整一周，其间，我们和他的两个博士生——罗杰·布拉泽斯（Roger Brothers）和瓦妮莎·贝齐（Vanessa Bézy）——一起在哥斯达黎加的太平洋海岸做实验。当时我和罗杰搭乘的是同一趟从迈阿密起飞的航班，我们还在利比里亚机场遇到了瓦妮莎。她带着一个巨大的无线电天线，我们只能设法把它塞进我租的吉普车里。

在离机场不远的一家德国面包店吃了一顿充满超现实主义和时差反应的露天午餐后，我们向南前往吉奥内斯海滩（Playa Guiones）——行驶大约125千米即可抵达——那是一个深受冲浪者青睐的海滩度假胜地。在路上，瓦妮莎和罗杰向我讲述了他们正在做的工作，他们一直试图克服的各种问题，以及他们希望解决的问题。几天后，肯也来了这里。

在吉奥内斯海滩以北大约10千米的小村庄奥斯蒂奥纳尔（Ostional）附近，有一条长长的灰色海滩，每年都会有数十万只雌太平洋丽龟（olive ridley turtle）在那里定期上岸筑巢并产卵。在西班牙语中，这一非同寻常的事件被称为"arribadas"（到达），而在进入现代之前，科学界对此基本上一无所知。然而，对当地人而言，这些海龟长期以来一直是一项重要的收入来源，因为他们可以高价出售龟卵。如今对龟卵的采集有严格的控制，但在某些时候仍然是允许的。沙子里充满了龟壳的碎片，散发着浓郁的气味。秃鹫和长腿兀鹰一直在监视刚孵化的小海龟。

在arribadas期间，上岸的雌海龟的数量是如此多，以至于它们为了寻找一块空旷的地方筑巢，会在彼此身上攀爬，而且经常会有海龟不小心挖到其他海龟的巢穴。如果它们的目的只是压制潜在的捕食者，它们就不需要以如此庞大的数量上岸。目前还没有人知道为什么会出现这样的情况，而且这似乎也没有什么意义，但无疑展示了这些海龟非凡的归巢能力。

它们通常会持续几天的时间，这并不是什么罕见的事件，在6月到12月的大部分时间里，奥斯蒂奥纳尔都会定期上演这一幕（尽管在世界上其他地方几乎很少发生）。arribadas发生的时间通常会与下弦月重合，这一事实引发了人们关于这种海龟如何记录时间的有趣讨论。

就在奥斯蒂奥纳尔的海滩附近，在公园管理员驻地旁边的灌木丛的遮蔽下，罗杰从零开始建造一个户外磁线圈系统——主要使用从当地五金店里获得的材料——旨在在一个圆形塑料充水场地周围产生均匀的磁场。在公园管理员的许可下，他计划在这里探索地磁场在太平洋丽龟返回其出生地的行为中可能发挥的作用。

这些海龟比绿海龟小，它们将被捕获并被粗暴地送到这个场地。罗杰指望瓦妮莎、肯和我来帮助他。就瓦妮莎而言，她正试图找出是什么触发了这些非同寻常的大规模筑巢活动。她的计划包括在雌海龟还在海上时就给它们安装无线电发射器，这样等它们上岸后，我们就可以追踪它们了。在一艘小型敞舱船上，她和罗杰已经给很多海龟粘了标签，但第一个无线电天线被证明是无用的。因此，她希望新的天线能更好地发挥作用。

此时正值中美洲雨季的尾声。从机场出发的旅程一开始很轻松，但在最后50千米，道路上到处都是巨大的水坑，即便我们开的是四轮驱动的吉普车，也必须小心通过。颜色如牛奶巧克力般的海水打着旋儿，几乎要从海里溢出，巨大的海浪拍打着长长的海滩。海洋被染成了棕色，到处都是漂浮的树干和其他物体的碎片。就连生活在吉奥内斯海滩的瓦妮莎也很少见到过如此糟糕的情况。她和罗杰都很郁闷。当时刚从伦敦长途跋涉而来的我已经被旅途折腾得疲惫不堪，在睡前听到这一消息时，心情更是十分沮丧。

第二天早上，天还没亮，从窗外高高的树上传来的吼猴失魂落魄的叫声就把我吵醒了。雨还在下，当我们试图前往奥斯蒂奥纳尔时，甚至都没能通过第一条河，但两三天后，乌云就散去了。此时，在炽热的热带阳光下，蒸汽从地面升起，巨大的鬣蜥从它们的藏身之处笨拙地爬出，美丽的蝴蝶［包括偶尔呈现蓝色虹彩的大闪蝶（Morpho）］在花丛中翩翩起舞。现在我们终于能够穿过所有河流，沿着土路向奥斯蒂奥纳尔颠簸前进。

瓦妮莎正在用一架带摄像机的可编程无人机来监控这些海龟，它们正懒洋洋地趴在几千米外的海面上，神秘地等待着属于它们的时机。这件奇妙的装置将沿着精确设定的路线飞行，然后乖乖地返回我们站着的地方，像一只训练有素的猎鹰一样轻轻降落在瓦妮莎旁边。在直播视频中很容易看到雌海龟——数量很多，但是一天又一天过去了，仍然什么也没有发生。这令人沮丧，尤其是对罗杰和瓦妮莎而言，但这有力地提醒我们在这一领域工作的科学家的生活是多么无常。

虽然这种奇怪的海龟偶尔会上岸筑巢，而且我们也常常能看到刚孵化的小海龟游向大海的迹象，但我最终还是没有看到这一重大事件就回家了。尽管令人失望，但"海龟舰队"的缺席在某种程度上是天意。当时我们有足够的时间进行交流，而不是每天晚上全力以赴与海龟竞赛，然后在白天补觉。

肯·洛曼是在印第安纳州长大的，在美国，那里大概是离大海最远的地方。当洛曼还是个孩子时，他就对他家附近飞来飞去的大量帝王蝶着迷。后来在家庭假日时，他去了海边，在那里，他被自己在潮池里发现的奇怪生物迷住了。而在杜克大学学习生物学的本科阶段，他对海洋动物的兴趣日益增长。

在佛罗里达完成硕士学位后（在那里，他研究的课题是龙虾利用磁场导航的能力，这个主题我们后面会讨论），洛曼搬到了美国另一个与佛罗里达州相对的角落：位于太平洋西北部的美丽的圣胡安群岛上的一个海洋实验室。他仍然痴迷于难以捉摸的磁感应能力，但现在他不得不将一类在北方寒冷的海域中繁衍生息的动物作为研究对象，即名为"三歧海牛"（Tritonia）的粉红海蛞蝓。这种看起来显然没有任何前景的动物提供了一个巨大的优势，即人们可以很轻松地在实验室环境中研究它。

洛曼开始记录这种海蛞蝓神经系统内单个细胞的电信号，随后他有了令人惊讶的重要发现，那就是它对周围磁场的变化很敏感。实际上，它似乎拥有磁罗盘感应能力。在获得博士学位后，洛曼开始在野外生物学家迈克·萨蒙（Mike Salmon）鼓舞人心的指导下研究海龟的导航能力。

当刚孵化的海龟在夜色的掩护下从沙滩上的巢穴中出现时，它们面对的第一个挑战就是如何安全地进入大海。浣熊、螃蟹和狐狸最喜欢海龟宝宝盛宴，因此找到一条通往水边的最短路线至关重要。

当小海龟首次从巢穴里钻出来时，它们就像发条玩具一样在沙滩上急促地奔跑，努力在被吃掉之前到达大海。它们主要依靠视觉线索抵达水边——被天空中低垂的亮光所吸引——所以这就很容易理解为什么与人类活动相关的明亮灯光会对新生的海龟造成如此大的影响了。小海龟还喜欢下坡路，这是有依据的，因为海滩朝向大海倾斜。

如果小海龟成功抵达水边，它们就会立即开始疯狂地游动，并持续这样游一两天，用龟卵中剩下的少量蛋黄来补充能量。在破浪之后，它们需要尽快离开海岸，以躲避潜伏在浅滩的众多海洋捕食者。一旦远离海岸，它们就会被北上的墨西哥湾流卷入其中，开始一段15000千米长的旅程，环绕整个北大西洋海盆。

最终，也许经过几年的海上漂泊之后，它们会以亚成龟的身份返回孵化它们的那片海滩附近的觅食地，然后在适当的时候，其中的雌海龟会在这片海滩上交配并产卵。

洛曼和他的同事们提出的第一个问题是，刚孵化的海龟如何离开海滩？用洛曼自己的话说，当时的他怀着年轻博士后"典型的傲慢自大"，认为刚孵化的海龟"显然"是用磁罗盘定位。毕竟，如果海蛞蝓有磁罗盘的话，那海龟也可能有。那是在1988年，事实证明，这是一个漫长而有趣的故事的开始，而故事的结局还没有到来。

萨蒙设计了一个"漂浮定向场地"，这让他们能够测试小海龟在进入大海后更喜欢向哪个方向走。研究人员驾船驶出20千米或者更远，然后将该场地投入水中。小海龟在那么远的地方看不到陆地，但它们似乎总是朝着东边的开阔海域游去。

这鼓励了洛曼和他的妻子凯瑟琳（同为科学家，经常与他合作），他们认为它们的确在使用罗盘，但后来——很幸运——它们遇到了几天风平浪静的日子。现在海龟开始绕圈游，好像完全迷失了方向。当风再起时，海龟们又开始向东游了。这令人费解：或许磁场并不是关键因素。

看起来好像小海龟选择的航向实际上是由海浪移动的方向决定的。这一点在波浪水箱中得到了证实，但仍有一种可能性是它们遵循着某种梯度，而这种梯度或许是基于某种被吹向陆地的气味。为了消除这一假设，洛曼需要一个没有风吹向海岸的日子，这样小海龟就必须在遵循它们正常的离岸路线和对海浪做出反应之间做出选择。

1989年"雨果"飓风的过境给科学家们提供了他们所需的机会。一天早上，他们醒来时发现强风正从西边吹来——从陆地吹向大海。洛曼夫妇带着小海龟冲了出来，然后将它们放入佛罗里达东海岸波涛汹涌的大海中。果不其然，在这种情况下，小家伙们朝着海岸的方向前进。这是起决定性作用的论据：波浪方向确定是关键因素。

这些小海龟也许会通过观察海浪来确定该走哪个方向，但由于它们通常是在黑暗中进入大海及在水下游泳，偶尔才会浮出水面呼吸，所以通过视觉做到这一点并不容易。事实上，解释起来要比这复杂得多。洛曼最终发现，它们对特殊的旋转加速度（向上、向后、向下，然后向前）很敏感，而当它们进入迎面而来的波浪中时，能感受到这种加速度。他们用一个"看起来很滑稽的设备"让小海龟们来重现这些动作，从而证明了这一点。

这是一种完全自动的反应，它们甚至通过在空中"游泳"来展现这种反应，随后的实验表明，大多数（如果不是所有的话）其他种类的海龟也有完全相同的行为方式。

尽管现在已经很清楚，这些小海龟苗在其生命的早期阶段不需要磁罗盘，但洛曼和他的同事们仍然相信，磁场在海龟的导航中肯定发挥了重要作用。

因此，他的下一个挑战是确定刚孵化的太平洋丽龟在被暂时限制在人造场地中时（一开始是用旧的圆盘式卫星接收天线和临时改造的儿童戏水池），是否会对变化的磁场有所反应。但在做实验之前，他们必须设计出一种能让小海龟自由游泳的特殊吊带，这种吊带会将小海龟悬挂在场地上空的一根杆子上。此外，他们还需要设计一种简单的电子系统来追踪它们的去向。

洛曼承认，这是一项"非常非常乏味的工作"，他们很快就遇到一个难题，即在完全黑暗的环境中，小海龟拒绝在任何方向上持续游动。因为没有由正常的海风驱动的海浪，这并不令人惊讶，但他们发现，小海龟对于光照强度的任何差异都非常敏感。实际上，它们奔向光源的倾向是如此强烈，以至于压倒了所有其他反应。

洛曼面临着一个非常大的难题：如果他在黑暗中开展工作，这些动物会朝四面八方跑去；但如果他提供一点灯光，它们就会执拗地朝光的方向前进，而不理会其他线索。那么，他要如何测量磁场变化后的效果呢？他必须想办法解决这个问题。

◎　◎　◎

和座头鲸一样，北象海豹（northern elephant seal）也是一种了不起的跨洋航行者。这些庞大的动物每年都会在加利福尼亚州海岸的海峡群岛和（仅限于雌性）阿留申群岛上的栖息地之间来回穿梭。出于某种原因，雄性北象海豹更喜欢独自前往阿拉斯加湾。雌性北象海豹一年至少旅行18000千米，雄性北象海豹至少旅行21000千米，而它们穿越广阔海洋时所遵循的路线笔直得令人惊讶。它们的导航方法和座头鲸一样令人费解。

但并非只有大型海洋哺乳动物才会进行长距离迁徙。大白鲨曾被追踪到从南非穿越南大洋抵达澳大利亚，然后折返。鲨鱼家族的一些成员对磁场很敏感，所以它们（至少部分）依靠磁场信息进行长途航行的可能性值得我们认真对待。另外，它们对嗅觉信号也极其敏感，因此这些因素也可能参与了其中。

最近一项对座头鲸、北象海豹和大白鲨的追踪数据的分析表明，重力甚至可能在它们的导航系统中发挥作用。地球表面地心引力的强度各不相同——特别是南北方向上的。因此，动物的重力（以及与之相关的浮力）会因地而异。与在高纬度栖息地相比，一头典型的座头鲸显然要减少90千克的浮力才能在其热带栖息地轻松漂浮。如果动物能够感知到这种差异，那么理论上它们就能从中获得有用的导航信息——尽管可能需要考虑海水盐度的变化，因为这也会影响动物的浮力。

22 黑暗中的光

关于刚孵化的太平洋丽龟的问题，肯·洛曼给出的解决方案是充分利用它们的寻光行为。他将实验场地保持在完全黑暗的环境中，并在场地的东边为小海龟亮起一盏灯。一旦小海龟稳定地向灯光游去，他就把灯熄灭，然后在不改变自然磁场的情况下，观察它们的行为。

小海龟们执拗地继续向东游，但当洛曼改变磁场方向时，这些小海龟转身向西游去。他不无道理地认为，这种动物做出180度的转向行为一定是因为磁场的改变，如果他的推断是对的，那么由此得出的结论是，太平洋丽龟必然拥有磁罗盘。此后，经过一些改动，洛曼和他的同事们继续在他们的小海龟研究中使用这种方法。

灯光的方位似乎并不重要。显然，洛曼和他的同事们在早期曾尝试在实验场地的西边设置一盏灯，当时他们发现这些动物在灯熄灭后会继续向西游——这不是从佛罗里达州东海岸出海的小海龟们的正常方向。当灯熄灭后，反转的磁场会让它们转身向相反的方向游去，就像在它们东边设置一盏灯时的情况一样。但是，这些实验与小海龟的自然行为之间有何关系目前还不清楚。当我向洛曼咨询这一问题时，他给出了下面的解释。

当小海龟从巢穴里出来时，它们会追随光线，如果运气好的话，这会让它们抵达水边。入海后，它们会让自己的身体与迎面而来的波浪成直角，这些波浪总是与海岸平行；但是当它们进入深水后，波浪不再是可靠的向导，因为此时它们的方向主要由风决定。在这个时候，小海龟会转而使用磁罗盘以保持离岸航向：“可能仅仅是保持航向的经验——无论它们使用什么线索——就足以让它们将导航任务转交给磁罗盘。”

使用磁线圈系统，可以分别调节磁场强度和磁倾角。洛曼接下来开始探索小海龟的磁罗盘是如何在实践中运作的，特别是磁场强度和磁倾角各自可能发挥的作用是什么。他首先重复了同样的定向实验，但是这一次，在将东边的灯光熄灭后，他仅试着改变磁场的磁倾角——使其比海龟出生海滩上的磁倾角大3°。

他预计这些动物要么像往常一样向东游，要么会因为深陷困惑之中而随机定向。然而，事实上，这些海龟毅然决然地向南游去。这真是令人费解。

> 我们费了好一会儿工夫，试图找出我们的设置出了什么问题。我们以为是漏光或者其他问题。我们一次又一次地试图消除这种偏差。

但是一天晚上，洛曼和他的团队仔细观察了佛罗里达州的地磁场地图，然后发现了一些重要的东西。他们看到，他们为小海龟提供的经过处理的磁场，实际上与海岸北部稍远一个地方的天然磁场相吻合。我们突然间灵光乍现：

> 哇！也许这个实验没有问题。也许它们实际上是在用磁倾角来确定纬度……在那之前，除了离岸向墨西哥湾流所在的区域移动，我们甚至没有考虑过这场迁徙本身的任何部分。当时的信条就只是这些海龟游向墨西哥湾流并进入其中，然后被动地随着洋流漂流。在那时，甚至没有人能确定它们是否回到了自己的故乡。

在那以后，洛曼证明了那些被虚拟地转移到其家乡觅食地北部的、较年长的海龟也会做出向南移动的反应，而那些被转移到南边的小海龟会向北移动。这表明，它们和刚孵化的小海龟一样，也可以利用磁倾角作为纬度的代替指标。

一旦刚孵化的太平洋丽龟被向北流动的强大墨西哥湾流"捕获"，它们就会被带往大洋深处，而在一段时间内——如果幸运的话——它们会茁壮成长，并在形成所谓"北大西洋环流"的环流中旅行。如果它们留在北大西洋环流中，这片以顺时针方向环绕整个大洋海盆的巨大水体最终会把这些现在处于幼年期的海龟带到它们位于佛罗里达海岸的觅食地附近。

但是，除非它们积极地朝着大致正确的方向游动，否则它们会冒偏离环流的严重风险——可能会造成致命的后果。计算机模拟了仅受水流驱动的"虚拟粒子"在环流中的运动方式，并将浮标和真实海龟遵循的轨迹进行了对比，结果表明，年幼的海龟绝对不是被动的漂流者。但是，它们是如何知道自己在环流中应该朝哪个方向游的呢？

在发现刚孵化的小海龟可以利用磁倾角来确定自己在南北方向上的移位后，洛曼开始探索磁场强度的变化可能会对它们的行为产生什么影响。这一次的研究结果更令人惊讶。在出现类似于北卡罗来纳州海岸附件的磁场强度信号时，小海龟通常会向东移动，但是当这些信号与大西洋另一边（葡萄牙海岸）的磁场信号保持一致时，它们就会向西移动。换句话说，在这两个地点，年幼的海龟似乎能够只使用磁场强度这个指标就可以朝着特定方向前进，这样一来，它们就能安全地待在环流的传送带上。

洛曼接下来同时改变了磁倾角和磁场强度，以模拟小海龟在绕着海盆旅行的不同阶段会遇到的磁场条件。只要小海龟被"送到"靠近环流边缘的地方，它们通常会朝着能增加它们生存机会的方向出发，而它们选择的航向也会因虚拟移位的位置而大不相同。*

因此，如果它们被送到葡萄牙海岸附近的某个地点，它们会表现出向南移动的趋势，而在环流的南部，它们通常会向西北方向移动。这些数据相当"嘈杂"，换句话说，这些动物并不都顺从地采用完全相同的航向。这太令人难以置信了。在最近一次实验中，它们只在环流的某些部分表现出了明显的方向偏好，但整体模式仍然成立。

内森·普特曼（洛曼的学生之一，我们在前面讨论过他对鲑鱼的研究）已经证明，小海龟能够区分两个距离相隔很远且只有经度不同的地点。他将

---

*　在被"送到"环流之外的地方时，这些海龟苗会迷失方向。

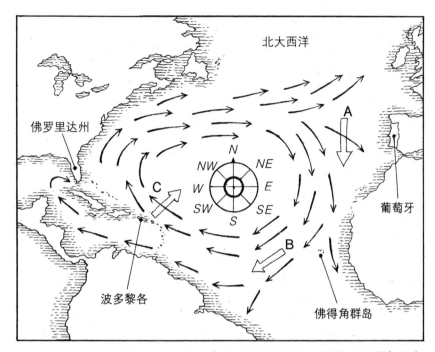

北大西洋环流。佛罗里达州的小海龟在被"模拟"送到大西洋海盆中的不同地点时（A、B和C），会朝着有助于它们安全地留在环流内的方向游动

海龟宝宝虚拟地转移到北大西洋海域的不同地区，要么在波多黎各附近（西经65.5°，北纬20°），要么在佛得角群岛附近（西经30.5°，北纬20°）。

当被转移到波多黎各时，它们倾向于向东北方向行进，而当被送到佛得角群岛时，它们则会朝西南方向移动。这些反应仍然有助于海龟留在环流中。在这种情况下，海龟不太可能依赖单一参数，无论是磁倾角还是磁场强度，因为从东向西穿越大西洋海盆时，这两个参数都没有太大变化，尽管它们在南北方向上确实有很大的不同。但是，如果小海龟同时注意到磁场强度和磁偏角，它们就可以区分佛得角和波多黎各这两个地点。

洛曼和他的同事们认为这些发现就是证据，说明这些小海龟天生对北大西洋环流周围地磁场的特征标签具有内在的敏感性，而这些特征标签是由磁场强度和磁倾角的特定组合定义的。这些标签就像"开阔海域上的航标"，会触发一种与生俱来的自动反应，让海龟朝着能使其保持在环流中的方向前进。就像普特曼的弗雷泽河鲑鱼案例中的情况一样，这套系统不需要很高的精确度：只要海龟能大致获悉自己所在的位置就行。

从洛曼的工作所引发的一些比较疯狂的新闻标题来看，你可能会认为海龟拥有自己的生物学版GPS是个既定的事实，但洛曼并不相信这些小海龟"真的知道自己身在何处"。正如他用他那特有的谨慎措辞对我说的那样："这些海龟能清晰地分辨沿途的不同磁场，并且能够对它们做出适当的反应。"

这样的说法意味着它们只是在相当有限的层面上使用地图和罗盘进行导航，但刚孵化的小海龟可以利用磁场（即便是以这种有限的方式）这一观点仍然令人震惊。

那么，这样的系统是如何建立起来的？任何人都无法自信地回答这个问题。海龟和它们的近亲已经在地球上存在了上亿年甚至更久：它们曾经和恐龙呼吸同样的空气。因此，自然选择有充足的时间施展它的魔力，而且肯定有利于那些携带特殊基因的动物的生存，这些基因使它们能够识别迁徙路线沿途的关键决策点。事实上，它们并不都以完全相同的方式做出反应，这是逐渐演变而来的。一些动物表现出的怪异行为可能会让该物种在地球磁场发生重大变化时生存下来，例如磁场逆转的情况下（见第120页）。

基因技术已经证实，雌海龟确实会回到自己生命开始的地区（尽管可能不是原来的确切位置）产卵。磁导航系统可以解释它们是如何完成这一壮举的，而且有证据表明，出生海滩的磁场特征是该过程中的一个关键因素。

罗杰·布拉泽斯正在研究这样一种理论，该理论认为小海龟——无论是在龟卵中还是刚孵化出来——会对巢穴周围独特的地磁标签产生印随行为，而在数年后，它们会利用记忆中的这些信息找到返回其出生海滩的路。

借鉴普特曼对鲑鱼的研究工作，布拉泽斯分析了19年来太平洋丽龟在佛罗里达州的巢穴位置的记录。结果表明，和在不列颠哥伦比亚省一样，缓慢漂移意味着既定地点的磁场标签（由磁倾角和磁场强度定义）会沿着海岸逐渐移动。

如果印随假说是正确的，那么每只海龟都会回到一个与其出生地略有不同的地方。这反过来又会导致巢穴的总体分布发生可预见性的变化。因此，布拉泽斯每隔两年（每只雌海龟产卵的典型间隔时间）比较一次筑巢密度，同时在这个过程中还会考虑巢穴总数量的波动。

他发现，在缓慢漂移使磁场标签更聚集的区域，筑巢密度显著增加，而在缓慢漂移导致磁场标签分散的区域，筑巢密度则显著下降。布拉泽斯对筑巢记录的巧妙使用，为海龟的归巢行为基于磁场印随的理论提供了依据。

最近，布拉泽斯和洛曼已经证明，地球磁场的变化与在不同海滩上筑巢的海龟种群的遗传差异相关。这是地磁印随的真实性及其塑造海龟种群结构能力的首个遗传证据。

我们一直在讨论的这些实验并没有提供关于野生海龟依靠地磁线索寻找方向的直接证据。如果你想确认在北大西洋环流中游动的小海龟对地磁"路标"有反应，你需要找到某种方法来改变它们周围的磁场（当它们在海洋中游动时）。同样，如果要确认一只雌海龟是否对其出生地产生了印随行为，你需要在它出生时改变它周围的磁场，然后追踪它——可能会持续15年或更长时间——看看它最终选择在哪里产卵。

如果它随后回到自己出生时所接触的由人造磁场界定的位置，你就会有确凿证据表明它们产生了印随行为。洛曼和他的同事们很想进行这样的实验，但是它们带来的问题实在太棘手了。

虽然我们现在很清楚磁场在海龟的导航行为中起着关键作用，而且嗅觉也可能参与了其中，但它们很可能还利用了其他线索。也许就像太平洋上的岛民一样，它们可以利用持续的涌浪保持稳定的航向。也许它们可以探测到海岛周围产生的特殊波浪模式，或者通过捕捉特有的气味或聆听海浪拍打岩石的声音来追踪这些岛屿。这些都是我们还没有答案的问题。

卢斯基将海龟的导航过程比作"bricolage"（拼贴），这是个法语词，意思是用手边的一切零碎物件做东西。他认为，海龟会采取机会主义的策略，充分利用它们能获得的一切有用信息。它们甚至可以在任何时刻从他们所能获得的各种信息源中判断出，哪些信息源可能提供可靠的信息。但有一件事现在看来是明确的：即使海龟无法获得地磁场地图，它们也严重依赖磁场线索。

令人惊叹的甲壳类动物

龙虾（spiny lobster*，又名 langouste、crayfish 或 rock lobster）和我们是如此不同，仿佛来自另一个星球。像海龟一样，它们已经在地球上存在了很长时间：人们还发现了一只距今约 1.1 亿年的龙虾祖先的化石。它们有 10 条像蜘蛛腿一样细长的腿，两根长长的触须从头上伸出。如果不是它们如此美味的话，我们多数人可能都不会意识到它们在水下的存在。这一不幸的特征使龙虾（和它们那有大钳子的表亲一样）引起了渔民们的注意，并被他们大量捕捉。奇怪的是，它们竟然是动物界最优秀的导航员之一。

作为夜间觅食者，龙虾在返回自己安全的水下巢穴之前，会长途跋涉寻找蛤蜊和海胆。它们每年还会进行奇怪的迁徙之旅，从浅水区进入更深的水域，以躲避冬季风暴和飓风的威胁。其间，它们会排成长长的康茄舞队列，首尾相接地沿着一条直线跋涉 200 千米——夜以继日地行进。从我们有限的人类视角来看，龙虾可能看起来不是很有天赋的动物，但不知何故，它们仍能保持稳定的航向，尽管海底并不平坦，而且能见度很差。这是一

---

*　spiny lobster 指的是触须长且没有大钳子（螯）的龙虾科物种，如澳洲龙虾。市面上常见的波士顿龙虾并非严格意义上的龙虾，而是螯虾。

项令人印象深刻的导航壮举。

在佛罗里达攻读硕士学位时，肯·洛曼听过一场关于帝王蝶迁徙的讲座，讲座上提到了帝王蝶利用磁场线索设定路线的可能性。受此启发，他花了一些时间尝试确定龙虾的导航能力是否也与磁场有关。他是首批使用电磁线圈测试动物的行为是否会受到周围磁场变化影响的科学家之一，但是像大多数的年轻研究者一样，他也遇到了麻烦。洛曼建造的第一个线圈系统在电路过载时突然起火，即使在他设法使其安全工作的情况下，也很难在那些被圈养的龙虾周围产生可靠的均匀磁场——如果想得到前后一致的研究结果，这一点至关重要。

洛曼对龙虾导航秘密的探索最终将他引向了超导量子干涉仪（SQUID，全称为Superconducting Quantum Interference Device）。借助冷却到几乎绝对零度的电路，这些机器被用来检测极弱的磁场。洛曼现在开始将龙虾切成块，然后将它们放入一个装有大量液氦的容器中，看看是否能在其中找到任何具有磁活性的组织——最终他成功了。这是个激动人心的结果，但他的研究也仅限于此，因为在获得硕士学位之后，他转向研究海蛞蝓（三歧海牛）去了。

洛曼没有忘记龙虾。数年后，他重新开始探索它们的导航能力，这一次是通过开展简单的移位来研究。他和同事拉里·博尔斯（Larry Boles）在佛罗里达群岛捕获大量龙虾，然后用船将它们运到37千米外的放生地。在这场旅途中，龙虾被放在不透明的塑料容器中，而容器里的水取自它们曾生活的水域，以免向它们透露任何可利用的嗅觉线索，而且为了防止它们利用其所擅长的航位推算，船还绕着圈行驶。

在释放龙虾之前，洛曼用塑料帽盖住它们的眼睛，然后将它们拴在一个实验场地中，以便记录它们的移动方向。他的发现令人震惊。这些龙虾——它们并没有晕头转向，也没有感到困惑，而我们人类在类似的情况下肯定会这样——稳稳地朝着家的方向缓慢爬去。既然它们在沿途无法获取任何有用的信息，也无法在释放地点探测到任何地标或信标，这就表明它们可以用某种方法来确定自己的位置和判断正确的归航方向。这可以算作"地图和罗盘导航"：动物罗盘研究的圣杯。

洛曼已经证明龙虾拥有磁罗盘感应能力。所以在这项最新的研究中，它们显然有可能利用磁场信息来追踪自己外出旅行时的运动轨迹。因此，他重复了这个实验——这次进行了一些额外的改动。

现在，这些龙虾被卡车运往测试点，在一半路程中，研究人员在龙虾所在的容器里放置了磁铁，因为其中一些磁铁被悬挂在了绳索上，所以它们会一直晃来晃去。通过扰乱龙虾周围的天然磁场，它们被剥夺了通过磁场线索追踪自己外部进程的机会。在剩余一半路程中，这些龙虾被装在同一个容器里，但没有使用磁铁。在这两种情况下，容器都是用绳索吊起来的，所以当卡车在前往测试点的路上经过一系列复杂的转弯和兜圈子时，容器一直在不停地摇摆。

在测试中，这些龙虾又一次忠实地往巢穴的方向行进——无论它们是否在人造磁铁的陪伴下旅行。

下一步是用与洛曼之前在海龟身上使用的相同类型的磁线圈系统进行虚拟移位。实际位移的距离相当短。现在，他们让龙虾"进行"更长的虚拟旅程：从它们的巢穴往北或往南移动400千米。就像小海龟一样，它们的反应是大致向南或向北，仿佛它们知道自己该走哪条路一样。

这些非同寻常的结果表明，龙虾不仅能够通过地图和罗盘导航，而且地磁线索在这一过程中发挥了核心作用。这套系统究竟是如何运作的目前还不太清楚，不过可能涉及磁场强度和磁倾角的结合。2003年，博尔斯和洛曼在《自然》杂志上发表了一篇开创性的文章，简明扼要地指出："这些结果提供了迄今为止最直接的证据，证明动物拥有并使用磁场地图。"这句话在今天仍然适用。

鲑鱼、海龟和龙虾是三种大相径庭的动物——一种鱼、一种爬行动物、一种节肢动物——但它们的多样性恰好能说明问题。既然如此广泛而不同的动物类群的代表都拥有利用地球磁场进行复杂导航的能力，如果这种天赋没有分布得更广泛的话，那才令人惊讶。各种不同形式的磁导航是否在生命进化的早期阶段就出现了，并且后来的事实证明这些磁导航形式是如此宝贵，以至于它们被广泛地保存下来，抑或它们被反复地"重新发明"。这两种可能性到底哪种是真实情况，目前还不得而知。

美国加州理工学院的地球物理学家乔·基尔施文克（Joe Kirschvink）最近再次提起一个此前被认为不可信的观点，即人类也有磁感应能力，这引起了轩然大波。

英国科学家罗宾·贝克（Robin Baker）曾吹捧过这个理论，他在1980年声称，蒙着眼睛的学生们乘坐小巴车沿着曼彻斯特郊区蜿蜒曲折的道路行进，他们在下车后，可以（相当）准确地指出家的方向。在接下来的实验中，他们分别在学生们的眼罩里放入一小根磁铁棒，或者一根大小与前者差不多的非磁性黄铜棒。现在，只有那些眼罩里是黄铜棒的人才能正确地指出家的方向。贝克认为这强有力地表明方向感基于磁场信息，不出所料，他的说法引起了公众的广泛关注。

重复贝克研究结果的多次努力被证明是失败的，并且达成了一项共识，即在最初研究中，学生们肯定获悉了一些非磁性的定向信息。在一项极其严格的测试中，103名澳大利亚大学生身穿外科工作服，戴着手套和口罩，耳朵被遮住，鼻孔下方喷有香水，头上还罩着一个遮光篮（这是对他们最后的羞辱）。这些不幸的人在他们的旅途结束时都指向了随机的方向，但是当他们在没有这些累赘的情况下重复该过程时，他们能指出哪个方向是北。

尽管基尔施文克当初是对贝克的发现提出质疑的人之一，但他最近声称，根据人脑电活动的记录，人类可以感知到磁场方向的变化，尽管他们并没有意识到这一点。

我参加了基尔施文克首次宣布这些发现的会议（2016年），可以确定的是，当时这些发现遭到一些人的质疑，但没有人怀疑他的专业知识和科学素养。他的发现早已被发表，如果事实证明他是对的，那我们将面临一个新的难题。也许这种难以捉摸的感知能力仅仅是我们的远古祖先使用的一种工具的无用遗存，但在狩猎采集社会，磁罗盘肯定具有不可估量的价值，那么为什么自然选择没能保留它呢？或许还有另外一种可能性，也就是会不会有一些幸运的人仍然可以使用它——只是在不经意的情况下？

◉ ◉ ◉

欧洲鳗鲡（European eel）是最神秘的迁徙动物之一。这些奇特的鱼有着非常复杂的生命周期，其中包括两次（而非一次）跨洋迁徙——然而，它们的数量近些年来急剧下降。为了成功地保护它们，我们需要更好地了解它们的迁徙行为。

欧洲鳗鲡在马尾藻海（Sargasso Sea）开始它们的生命，这是大西洋西南部的一大片海域。刚孵化的欧洲鳗鲡（或者称为柳叶鳗）面临的第一个挑战是进入墨西哥湾流，后者会将它们带入北大西洋环流，就像刚孵化的太平洋丽龟一样。当它们抵达欧洲大陆架时——那里的海水浅得多，盐度也降低了——它们就会变成玻璃鳗，并开始前往河流和小溪。

之后，它们会变成黄鳗，也就是成年鳗鱼。作为黄鳗，它们的性器官可能要20年才能成熟，而成熟的性器官会触发它们返回大约5000千米外的马尾藻海产卵地。

在最近的一次实验中，玻璃鳗在进入威尔士的塞文河后被捕获，并体验不同的磁场移位。研究结果表明，它们对其"海洋迁徙路线上的磁场强度和磁倾角的细微差异"很敏感。此外，它们似乎倾向于向能增加它们进入墨西哥湾流的机会的方向游动——这与刚孵化的海龟如出一辙。

这项研究的不足之处在于，玻璃鳗和柳叶鳗有很大不同。因此，目前还不确定这些发现是否与大西洋彼岸刚孵化的鳗鱼的行为有关。然而，如果鳗鱼在其生命中的任何时刻都能对地球磁场的不同结构做出反应，那么它们很可能确实是利用地球磁场进行导航。显然，还需要更多的研究来证明这一点。

23 巨大的磁场之谜

　　人们一直在寻找某些能使动物探测到地球磁场的感受器。在过去10多年里，这一挑战吸引了来自量子物理和化学、地球物理学、分子和细胞生物学、电生理学、神经解剖学，当然还有行为研究领域的科学家们，但是这张网可能还要撒得更大一些。诺贝尔奖很可能会颁发给那些最终找到答案的人。

　　当科学家们谈论视觉、听觉、惯性或嗅觉导航时，他们对其中涉及的感官机制有相当充分的了解。他们知道眼睛、耳朵和鼻子长什么样，以及它们是如何工作的，尽管很明显，不同动物类群之间的细节差别很大。虽然鱇和蜻蜓都用眼睛看东西，但它们看到的东西不一样；鲑鱼可以尝出水里的化学物质，而这些化学物质对鸟类或飞蛾而言没有任何意义；蝙蝠可以用它们的耳朵做一些在其他动物中闻所未闻的事情。在一些物种中，科学家们还充分地掌握了感受器官发出的神经信号是如何在中枢神经系统中得到处理的——精确到单个脑细胞的放电模式。

　　但是当涉及地磁导航时，情况就复杂多了。目前有三种截然不同的理论，其中任何一种或者全部理论都有可能是正确的。而且我们目前还不能排除的一种情况是，某些完全不同的机制也可能在发挥作用（尽管这些机制迄今还没有人想到）。

　　这是一个极其复杂且高深的问题，我只能简单地概述一下基本情况。

　　对动物如何感知地球磁场感兴趣的科学家们面临的问题之一是，地球的磁场很容易穿透活体组织。这意味着磁场感受器不需要像眼睛、鼻子或耳朵那样长在动物体表，它可以深埋于动物体内。它也不一定要很大。它甚至可能不在一个地方：单细胞可能是系统的核心，它们可以散布在身体各处——从头到尾都有可能。因此，事实上，我们可能找不到某种可识别的结构。

但情况并不是完全没有希望。我们确实知道趋磁细菌对磁场的反应，我们也知道它们已经在地球上存在了很长时间。它们体内携带着微小的磁铁矿结晶链[*]，这让它们能够以一种完全被动的方式与周围的磁场对齐——就像罗盘的指针一样。如果探测地球磁场的能力提高了它们存活和繁殖的机会，那么很可能许多甚至大多数动物都遗传了某种基于磁铁矿的机制。但这在多细胞生物身上是如何发挥作用的呢？

由数百万个含有磁铁矿的细胞组成的陈列似乎可以用来探测地球磁场强度的微小变化。很难找到动物体内存在磁铁矿的可靠证据，因为这种矿物极易污染组织样本——甚至连空气中的火山灰颗粒都会带来麻烦——尽管我们在昆虫、鸟类、鱼类甚至人类体内都发现了磁体。

磁铁矿无处不在，这表明它肯定在做一些重要的事。例如，蜜蜂的腹部就有基于磁铁矿的永久磁体。当这种昆虫还处于幼虫阶段时，它们就开始形成，而且据推测，当这种昆虫还在以蛹的形式舒适地窝在自己的巢室里，并与蜂巢表面成直角排列时，就已经拥有了方向感。蜜蜂的上腹部也有数百个特化细胞，其中包含数千个独立的磁铁矿颗粒。这些细胞被嵌入一个矩阵中，该矩阵被认为会随着周围磁场的变化而膨胀或收缩。有人认为，这种机制可能为蜜蜂提供了一个磁倾角罗盘。

鳟鱼可以通过用鼻子撞击水下目标的方式来快速学习如何获取食物，而水下目标则只能通过检测周围磁场强度的细微变化来识别。这种能力显然依赖于鳟鱼鼻子细胞里的磁铁矿——在鲑鱼的鼻子中也发现了类似的细胞（鳟鱼对磁倾角的变化不敏感）。此外，还有学会探测和接近磁性目标的鲨鱼似乎并不依赖它们众所周知的电敏感性，而是依赖一种单独的磁感应器官。

---

[*]　这是一些纳米级的极微小的生物合成磁铁矿颗粒，这些小颗粒呈链状排列，有膜包被，也被称为磁小体（magnetosome）。其原理是细胞中的磁性物质在地磁场中会做出反应，如发生位置的变化等，生物借对磁性物质的感知而感应磁场。——审者注

2007年，研究人员宣布，鸽子喙上的感觉神经细胞末梢含有磁铁矿和另一种磁性物质。因为服务于鸽子喙部的唯一神经是三叉神经，所以人们认为这一定是磁场信息抵达鸽子大脑的途径。这一点可以通过一个事实得到证实：此前那些被训练得能够探测强磁场的鸽子的三叉神经被切断后，无法再做到这一点。几年后，研究人员发现，欧亚鸲大脑中的某些区域会对快速变化的磁场做出反应，而当磁场不存在时，这些区域也就不活跃了。当三叉神经被切断时，这些大脑区域的活动明显减少。

鉴于这些发现，鸟类喙中的磁铁矿颗粒确实是感应机制的基础的理论看起来很有希望。但随后在2012年，有人指出，据称在鸽子喙中发现的磁铁矿颗粒被错判了。它们是完全不同的东西：被称为巨噬细胞的免疫细胞。此外，还有其他令人困惑的信息来源。一些在夜间迁徙的鸟类在三叉神经被切断时也能很好地生存下来，而信鸽成功归巢需要的是嗅觉，而不是它们的三叉神经。另外，如果三叉神经的眼支被切断，芦苇莺就无法补偿向东1000千米的移位了（见第162页）。强磁脉冲会扰乱基于磁铁矿的感受器，而这的确会干扰夜间迁徙的成年（而不是幼年）鸣禽的定向。

亨里克·穆里森认为，"与三叉神经相关的磁感最有可能的功能"是探测磁场强度或磁倾角的大范围变化，以便让鸟类确定自己的大致位置。但它究竟是如何工作的尚不清楚，而最近的一项实验表明，鸟耳中的一种名为"听壶"（lagena）的重力感受器可能也在磁感应中发挥了作用。因此情况是灵活多变的，如果你对此感到晕头转向，我也不会责怪你的。

虽然关于磁铁矿的作用仍然还有很多不确定性的地方，但人们对磁罗盘感应能力的认识已经开始达成一种共识。

多年来，人们已经知道蝾螈和鸟类使用磁罗盘的能力取决于光的存在。早在1978年，克劳斯·舒尔腾（Klaus Schulten）就提出，光敏分子中的化学反应可能是这一过程的核心。2000年，有人提出了一种可能发生该反应的特定分子：隐花色素（cryptochrome）。几乎在一夜之间，这种新理论开始引起科学界的广泛关注。

隐花色素存在于许多动植物体内，并参与控制它们的内部时钟和生长。这些分子在光的刺激下会产生"自由基"，该现象是"光依赖罗盘"假说的基础。

该理论的核心概念是，取决于自由基所属的分子相对于地球磁场的朝向，这些自由基的行为会有所不同。而由此产生的极其微妙的亚原子过程可能会引发一系列进一步的事件——信号级联放大——并最终触发神经信号的发射。如果这些事件发生的次数足够多，动物可能会意识到周围磁场的存在。

许多在夜间迁徙的鸟类会使用依赖光的罗盘（例如欧亚鸲），这可能看起来很奇怪，但隐花色素机制显然可以在非常弱的光照条件下有效运作。隐花色素存在于鸟类的眼睛中，如果自由基理论被证明是正确的，那么地球磁场的形态就很可能会被叠加在鸟类的正常视野上——很像飞行员的平视显示器一样。它们或许真的能看到周围磁场的形态。

Cluster N

牛津大学的化学教授彼得·霍尔（Peter Hore）是研究自由基假说的领军人物之一。他和穆里森共事多年，两人为这一课题带来了互补的专业知识：穆里森是动物导航行为和神经生理学方面的专家，霍尔是一位对自由基反应的性质有着深刻见解的化学家。

霍尔的办公室温暖舒适，从那里可以俯瞰牛津北部绿树成荫的大学校园，拥挤的书柜和成堆的文件将他团团围绕。他为人温和、谦逊，而且在发表自己的主张时非常谨慎。他将自己的整个职业生涯都献给了自由基化学，此外，他还是研究自由基以何种方式支持（也可能不支持）生物罗盘机制方面的重要专家。

几年前，美国国防部高级研究计划局*——美国政府的一个强大但略显隐秘的机构——接洽霍尔，提出他们可以为他的研究提供支持，这在某种程度上反映了自由基假说对人们的吸引力。美国国防部高级研究计划局显然认为，自由基有朝一日或许能提供更多的信息，而不只是用来了解动物是如何四处移动的。它们甚至可能与高效的量子计算机的发展有关，这些量子计算机原则上可以执行远远超出任何现有计算机能力的运算。面对这一馈赠，霍尔没有刨根问底，而是和穆里森合作提交了一份申请，并很快得到一大笔拨款。

尽管人们对这门学科的兴趣迅速增长，但到目前为止进展缓慢，很大程度上是因为它提出了太多的实践和理论问题。在霍尔看来，这种情况不太可能很快改变，尽管他希望自己——通过与他人合作——能够及时设计出某种可以推翻或证实隐花色素假说的"一锤定音实验"。

穆里森和霍尔一样，对快速取得进展的可能性持怀疑态度。他的目标是汇总来自各种不同来源的"一束证据"：

要想理解这种磁场感应能力，首先需要了解从单个电子的自旋到自由飞翔的鸟类的所有层面——这也是我为之着迷的地方。

穆里森发现，鸟类大脑中有一个名为"Cluster N"的区域，它会接收来自眼睛的信息。当鸟类在磁场中定向时，它是大脑中唯一高度活跃的部分。更能说明问题的是，当Cluster N被破坏时，鸟类会丧失磁感应能力，但保留了使用恒星和太阳罗盘导航的能力。这些发现有力地说明，鸟类主要的磁感受器位于其眼睛里（而不是喙）。

对转基因昆虫开展的研究也提供了一些答案。隐花色素已被证明在果蝇的磁场探测中起着重要作用。如果在蟑螂的眼睛里人为植入一种与哺乳动物的隐花色素类似的隐花色素，就可以通过将这些蟑螂暴露在旋转磁场

---

    * 美国国防部高级研究计划局，全称 Defence Advanced Research Projects Agency，简称 DARPA。

中来改变它们的方向。

关于脊椎动物磁感应能力的大多数关键实验都涉及被囚禁在埃姆伦漏斗里的鸟,正如我们已经看到的,这让安娜·加利亚尔多这样的研究者感到困扰,因为他们更喜欢用自由飞行的动物开展工作(见第164页)。穆里森也认为,原则上,在自由飞行的鸟身上做实验效果更好,但他也指出,实验室之外存在很多难以控制的变量。然而,纳丘姆·乌拉诺夫斯基(Nachum Ulanovsky)发明的对飞行中的蝙蝠大脑中单个细胞进行记录的技术(见第207页)可能很快就会被推广到鸟类身上,如果是这样的话,很可能会出现一些令人兴奋的进展。

还有一种可能与磁场导航有关的机制,即电磁感应。维吉埃早在1882年就讨论过这种可能性,但近年来,它并没有得到像磁铁矿和隐花色素假说那样的关注。它的基本原理(和发电机的工作原理一样)是,当导体在磁场中运动时,导体中会产生"感应"电流。事实上,电磁感应正是我们赖以获得电力供应的过程。

众所周知,一些鱼类(包括鲨鱼和鳐鱼)可以探测到非常微弱的电磁信号,并利用这些信号追踪猎物。为了做到这一点,这些鱼使用了体内充满胶状物质的长条形通道,这些结构被称为"洛仑兹壶腹"(Ampullae of Lorenzini),是以17世纪发现它们的意大利解剖学家的名字命名的。它们将皮肤上的毛孔与身体深处敏感的探测器官连接在了一起。

长期以来,人们一直认为只有当动物被某种容易形成完整电路的介质包围时,电磁感应才能起作用。和水不同,空气的导电能力很差,但对陆地动物而言,如果整个电磁通路都封闭在它体内,这个问题就可以得到解决。碰巧的是,鸟类内耳的半规管里充满一种导电性能良好的液体,正好符合这个要求。

研究人员最近在鸟类半规管内壁的毛细胞中发现了一种含有磁性矿物颗粒的结构,这为电磁感应假说提供了证据。以此为基础的理论是,在这些半规管中循环的液体可以产生感应电流，而毛细胞可能会接收这种电流。

和其他两种假说相比，围绕电磁感应的不确定性要大得多，但它值得进一步研究。

⊙ ⊙ ⊙

蓝鳍金枪鱼（bluefin tuna）是海洋中速度最快、力量最强的游泳健将之一，它在水中移动的速度几乎能媲美陆地上的猎豹。它们以一种高度可预测的方式在太平洋和大西洋之间穿梭，往返于它们的繁殖区和觅食区。它们一定是技艺高超的导航者，也许还利用了磁场。

在黄昏和黎明时分，蓝鳍金枪鱼会进行一种被称为"尖峰潜水"的奇怪操作：它们以陡峭的角度迅速下潜到深海，然后返回海面。这些潜水发生在距离日出或日落大约30分钟的"暗面"，此时太阳位于地平线之下大约6°。

奇怪的是，在蓝鳍金枪鱼的头顶有一个半透明的窗口，位于它的两眼之间。一根中空的管子从这个"骺窗"通向鱼的大脑，让光线能够抵达其异常发达的松果腺表面的感光细胞。这根管子的排列方式意味着它会在尖峰潜水的上升阶段垂直向上。

一种可能性是，这种鱼在黄昏时会探测天空中的偏振模式，以便校准磁罗盘。和在更靠近海面的地方相比，它们在深海潜水阶段（可以下潜600米）也许能更精确地测量海底的磁场强度。这一过程可能与磁场"地图"的使用相关。

众所周知，金枪鱼家族的其他成员对磁场很敏感，所以我们有充足的理由认为，地磁场可能在蓝鳍金枪鱼的导航中发挥了作用，但还没有人能证明这一点。

24　我们大脑中的海马体

　　大鼠在动物导航研究中的作用甚至比鸽子、蜜蜂或蚂蚁更突出。部分原因是它们很容易照顾，而且也不（太）抗拒被人类操作，但还有一个更重要的因素，即它们是哺乳动物，比鸟类或昆虫更像我们。作为研究对象，它们有着令人无法抗拒的吸引力。

　　得益于数以万计的实验，大鼠被训练在设计巧妙的迷宫里认路。通过这些实验，我们知道它们和我们一样，严重依赖各种地标找路。因此，人们没有必要再调用任何"更深层次的"认知过程——更别说使用地图了——来解释它们的导航行为。但真是这样吗？

　　20世纪上半叶，占主流地位的行为主义心理学派的成员坚持认为，所有后天习得的行为都可以用所谓的"刺激—反应"（简称为S-R）这一术语来解释。公平地说，刺激—反应理论可以解释动物在实验室环境中学会的许多事情。但是曾经横行一时的行为主义早已失宠。现在没有科学家会再否认非人类动物可能拥有复杂的精神或情感生活的可能性。正如伟大的灵长类动物学家弗朗斯·德瓦尔（Frans de Waal）所说：

> 行为主义通过将天底下的所有行为归结于某种单一的学习机制的做法，是在自掘坟墓。它教条式的过度主张使其更像一种宗教，而不是一种科学方法。

　　即便在行为主义发展的鼎盛时期，也有一些思想开明的心理学家敢于质疑这种正统。加州大学伯克利分校的爱德华·托尔曼（Edward Tolman，1886—1959）就是其中之一。他在1948年发表的一篇著名论文中，对动物导航的刺激—反应理论的正确性提出了大胆的质疑：

根据（行为主义者的看法），学习在于加强其中的一些联系，并削弱另一些联系。在"刺激—反应"学派看来，大鼠在迷宫中行进时，会对一系列刺激——既包括作用于大鼠外部感觉器官的外部刺激（视觉、声音、气味和压力等），也包括来自其内脏和骨骼肌的内部刺激——做出无助反应。这些外部和内部刺激会触发行走、奔跑、转身、回溯、嗅以及用后腿站立等动作。根据这个观点，我们可以将大鼠的中枢神经系统比作一台复杂的电话交换机。

然而，在托尔曼看来，这种机械性的描述似乎无可救药地不完整。他的重要观察是，大鼠可以通过捷径找到它们此前在训练中只能通过较长的间接路线才能抵达的目标。当它们的习得道路受阻时，它们还可以绕道而行。这是如何实现的？在他看来，这些大鼠似乎以某种方式找出了目标在空间中的位置，而不是盲目地严格遵循刺激—反应模式确定的固定路线。换句话说，它们似乎在进行某种形式的以他者为中心的导航。

托尔曼和其他人的进一步实验让他得出结论，大鼠会自发地探索它们所处的环境，并且会在这个过程中构建他所说的"认知地图"，所有对它们而言重要的地点和事情都以某种方式被记录在这张地图上。不出所料，这个说法惹恼了强硬派，他们试图用纯粹的刺激—反应理论来解释托尔曼的研究结果，而他们在这方面施展的聪明才智让人想起了中世纪的神学家。

托尔曼并不是首个提出非人类动物可能使用地图的知名人士。20世纪20年代，德国著名的心理学家沃尔夫冈·柯勒（Wolfgang Köhler）发表了一些令人费解的观察结果，这些结果是他在"一战"期间带着自己的宠物狗避居于加那利群岛时得出的。

当柯勒将一块肉扔出窗外，然后关上窗户时，他的狗会站在窗前，渴望地盯着那块肉，并用爪子刨玻璃。狗也没有那么聪明嘛，你可能会这样想；但是如果柯勒当时将百叶窗也关上，阻断狗看向食物的视线，它就会冲出门去，绕到房子外面去找肉。

看起来，一旦食物那令人无法抗拒的视觉魔力被关闭的百叶窗打破，狗就会停下来思考，并开始回忆房子和花园的布局。利用这些信息，它可以找到一条通往目标的间接路线——此前从未有任何奖励引诱它遵循这条路线。这一观察结果很难用刺激－反应理论来解释。这只狗看起来很像在使用某种认知地图。

"认知地图"一词是一种便捷的速记，但要谨慎对待。显然，大鼠和狗的大脑中没有任何字面意义上的地图——跟我们一样。它们出生时肯定没有遗传这些东西，而且在想知道自己身在何处时也不会停下来将其展开。托尔曼在这里是在打比方，他的意思是大鼠的大脑能够以某种代码的形式存储地理信息：他很可能想到这与最近发明的数字计算机很像。

认知地图最好被当作一个过程，而不是一件物品；这个过程是由大鼠身上的感觉器官和中枢神经系统的共同活动产生的。因此，只有从动物的行为中才能推断这样的过程正在进行——而且很难肯定地做出这样的推断。

由于缺乏研究大脑中实际活动的工具，托尔曼和20世纪40年代的其他任何人都无法证明大鼠（或者任何其他动物）的大脑中确实存在"地图"。但是，20世纪50年代心理学领域各理论的发展意味着他的想法可以更容易被接受。随着行为主义的影响力逐渐减弱，实验心理学家开始解决此前基本上被忽视的深刻问题，即动物和人类是如何感知事物、思考事物和解决实际问题的。

很明显，标准的刺激－反应学习模式并不总是能提供可信的答案，就像托尔曼就奔跑在迷宫中的大鼠所争论的那样。正如伟大的美国实验心理学家乔治·米勒（George Miller）所言："在50年代，越来越清楚的是，行为只是证据，而不是心理学的主题。"

大约在同一时期，革命性的技术发展促使一门全新学科出现：认知神经科学。在活体动物的大脑中插入非常细的电极丝，就可以记录单个神经细胞（神经元）产生的微小电信号了——只有几万分之一伏。通过耐心地进行数千次这样的记录，科学家们能像玩拼图一样逐渐了解动物的大脑如何处理从眼睛传至视神经的信号。

研究表明，视皮层不同部位的神经元会对不同的刺激做出"调整"。例如，有些神经元只有在动物看到明亮背景下的暗条时才会放电，而另一些神经元则在动物看到黑暗背景下的狭窄光缝时才放电。科学家们终于有可能详细绘制大脑不同部位的实际活动图了。

20世纪50年代，对严重精神病和癫痫的治疗通常需要切除大脑的某个部分。不足为奇的是，这些极端操作往往会产生意想不到的后果。

一名癫痫患者就是被这样对待的———一个年轻的加拿大人，长期以来，人们只知道他名字的首字母"HM"，但是他的全名亨利·莫莱森（Henry Molaison）应该被记住——这名病人"因癫痫发作而完全丧失了行为能力"，即便已经服用了最强的药物，病情也没有丝毫好转迹象。作为最后的手段，在他本人的许可下，医生决定对其进行"坦诚的实验性"手术，即将他两个颞叶的一大部分切除——包括海马体的两个部分。*

这个形状有点像海马的结构是由19世纪的解剖学家命名的。为了便于国际交流，他们用拉丁语将其命名为"*hippocampus*"（海马体）——这个单词源于希腊语，意为海马。因为大脑有两个彼此相似的半球，所以实际上有两个海马体：一边一个。

虽然莫莱森的"理解力和推理能力"没有受到影响，而且他的癫痫发作频率也确实减少了，但手术产生了"一个惊人的、完全令人意想不到的行为结果"：他的记忆力严重受损。莫莱森认不出医院的工作人员，甚至连卫生间都找不到。

当他的家人搬家时，由于他无法记住新的地址，所以常常找不到回家的路，尽管他仍然知道怎么去他们的老房子。莫莱森甚至记不起自己每天使用的物品都放在了哪里，并且会花几个小时的时间一遍又一遍地玩同样

---

* 类似的"脑叶切除术"仍在广泛开展，但是已经谨慎和精确得多，只切除那些被认为是癫痫发源部位的染病组织。

的拼图游戏。他严重的失忆症状也没有随着时间的流逝而减轻。

亨利·莫莱森的案例之所以出名，是因为它揭示了一些重要的事情。它提供了首个确凿的证据，证明海马体在记忆中起着关键作用，同时也清晰地表明，我们成功导航的能力依赖于海马体的完整性。莫莱森的不幸遭遇激发了一项研究计划，该计划在我们对导航的神经基础的理解（甚至包括对认知本身的理解）方面取得了一系列重大进展。

海马体位于大脑深处。和视皮层不同，它远离任何直接的感官输入。早在20世纪60年代，大多数专家就怀疑其中的单细胞记录能否揭示任何可理解的东西，更不用说它们能否阐明空间记忆是如何形成的了。

然而，受亨利·莫莱森案例的启发，神经学家约翰·奥基夫（John O'Keefe，目前在伦敦的塞恩斯伯里维康神经回路和行为中心工作）在他的学生乔纳森·多斯特罗夫斯基（Jonathan Dostrovsky，现供职于多伦多大学）的帮助下，决定探索大鼠的海马体中发生了什么。

具有导航作用的脑细胞

20世纪70年代初，奥基夫的大胆尝试得到了回报，他宣布自己发现了某些单个脑细胞能够做一些非同寻常的事情——实际上，这种发现是前所未有的。只有当大鼠占据它正在探索的笼子中的某个特定点位时，脑细胞才会放电。换句话说，大鼠造访的每一个地方都会触发其海马体中一个或一组特定的细胞放电。奥基夫只需观察它们之间的电活动模式，就能判断出大鼠在哪里。

很明显，这些新发现的脑细胞有可能是在对别的东西做出反应，但受试动物所能看到的、闻到的或听到的任何东西都不会对这些细胞的行为产生任何影响。这些细胞似乎只对大鼠世界的空间属性进行编码。因此，奥基夫决定将它们称为"位置细胞"（place cell）。这是一个革命性的发现。

1978年，奥基夫和林恩·纳德尔（Lynn Nadel）合作写了一本书，他们在书中提出，位置细胞构成了一套以他者为中心的导航系统的一部分，该系统使大鼠能够记录和回忆地标和目标的位置。换句话说，海马体中的神经元正在测绘这种动物所在的环境。他们认为，这就是托尔曼的认知地图的物理基础。这在当时是一个大胆的主张，当然也激起了行为主义者的愤怒，后者非常不愿意接受他们关于海马体所做之事的解释，尤其是这似乎证明了他们的老对手托尔曼的观点是正确的。

然而，事实证明，位置细胞只是一系列非凡发现中的第一个，这些发现在过去50年里彻底改变了科学家们对导航的神经基础的看法——至少在哺乳动物中是这样。现在很清楚的是，哺乳动物大脑的许多不同部位会对其主人所居住的世界的空间属性做出反应，而成功的导航并不完全依赖于海马体。因此，故事变得越来越有趣——也越来越复杂了。

20世纪80年代，科学家们在紧挨着海马体的大脑区域（前下托）中发现了另一组细胞。只有在大鼠朝向特定方向时，这些细胞才会放电，它们也因此被称为"头向细胞"（head-direction cell）。无论这种动物在哪里，无论它们能看到、听到或闻到什么，无论它们是否在移动，这些细胞都以完全相同的方式做出反应。它们甚至可以在完全黑暗的环境中发挥作用，而且它们的放电模式可以在很长一段时间内保持稳定。这组细胞的行为方式就像罗盘一样，尽管它们的活动不受地球磁场的影响。

最近，挪威科技大学（位于特隆赫姆）的两名年轻研究者——玛丽安·费恩（Marianne Fyhn）和托克尔·哈夫丁（Torkel Hafting）——有了一个更惊人的发现。在梅－布里特（May-Britt）和爱德华·莫泽（Edvard Moser）夫妇团队的指导下，他们研究了一个叫作内嗅皮层（entorhinal cortex，简称EC）的区域中的细胞，该区域连接着海马体与大脑中的其他部位。他们发现其中一些细胞的行为与位置细胞相似，但是存在着一个很大的不同之处，即这些细胞不像位置细胞那样在大鼠处于某单一地点时放电，而是每个细胞在许多不同的位置放电。

这是令人费解的，但当他们扩大大鼠被允许探索的空间时，一种不同寻常的模式就显现出来了。此时可以明显地看出，新细胞在一系列有规律的位置上放电，然后这些位置在大鼠所占据的整个空间内形成了一个有规律的网格。这些所谓的"网格细胞"（grid cell）似乎记录了大鼠所处环境的纯空间属性。就仿佛大鼠在它周围的世界之上施加了一个标准的网格图案，就像制图师或测绘员可能做的那样。他们还在内嗅皮层中发现了头向细胞。部分头向细胞也形成了一张网格，而且只有当大鼠造访特定地点并朝向特定方向时，它们才会放电。

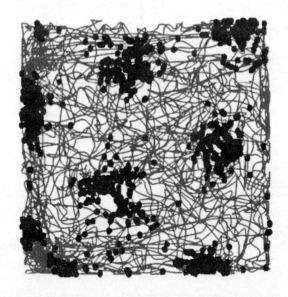

一只探索小型方形场地的大鼠的单个"网格"细胞的放电模式。灰色的线显示了大鼠所走的路线，而黑色圆点是大鼠四处移动时产生的电活动"高峰"

2008年，莫泽的团队有了进一步的发现：内嗅皮层中的某些细胞只有在大鼠（或者小鼠）位于笼子边缘时才会放电。因此，它们被称为"边缘细胞"（border cell）。然后在2015年，莫泽夫妇发现了只对大鼠的奔跑速度做出反应的细胞——随着大鼠越跑越快，这些细胞的放电频率也越来越高。实际上，它们就像一个车速表。参与导航的特化细胞的名单已经很长，而且还在继续增加。

莫泽夫妇和奥基夫凭借这些令人惊叹的突破性发现荣获了2014年的诺贝尔生理学或医学奖。*

如今，科学家们在小鼠、猴子、蝙蝠和人类的大脑中也发现了类似的特化导航细胞。只有当电极出于医疗目的而被植入时，才有机会直接记录人脑中的单个细胞，但是现在先进的大脑成像技术使科学家们无须进行手术就能获得类似的结果。海马体在鸽子导航中的重要性也得到很好的证实，虽然它的结构和大鼠的有很大不同，但也包含了特化的"导航"细胞。

但是仍然有很多问题尚未解决。虽然位置细胞、网格细胞和头向细胞可以很好地提供"地图和罗盘"系统的基础，但仅仅知道自己在哪里以及自己要去的方向是不够的。你还需要计划一条抵达目的地的路线，然后前往那里。

当老鼠在复杂的迷宫中穿行时，那些会放电的特化脑细胞提供了一个很有希望的线索。这些位于海马体外的细胞显然决定了路线和目标，而在海马体内发现的其他细胞似乎也参与了路线规划。

显然，实验室实验具有高度人为性，不能反映野外生活的现实。在现实世界中，导航所涉及的距离可能长达数百甚至数千千米，虽然大多数实验只涉及二维导航，但许多动物——特别是那些会飞或会游泳的动物——实际上需要应对三维空间。

尚不清楚它们的大脑（以及我们的大脑）是如何应对这些极其复杂的挑战的。

因此，研究动物在自然环境中自由活动时的大脑活动将非常有帮助。实际上，以色列科学家纳丘姆·乌拉诺夫斯基已经开发出一种复杂的方法，以记录飞行蝙蝠大脑中单个细胞的活动，这些方法可能很快就会被推广到

---

* 根据规定，一项诺贝尔奖不能由三人以上共同获得。

其他动物上。

　　虽然海马体和紧密相连的区域在处理导航任务时起着核心作用，但很明显，大脑的其他部位也做出了重要贡献。当动物在环境中移动，回忆自己去过哪里或者思考下一步该去哪里时，信号会在大脑的许多不同区域之间来回传递。这种复杂的"连通性"究竟如何影响导航过程，仍然是个谜。

　　同样清楚的是，海马体的作用不只是帮助我们绘制自己的物理环境图和找到周围的路。我们对人、事物、事件和关系的记忆也极其依赖海马体——事实上，它的基本功能可能是提供某种抽象的"记忆空间"（在这个空间里，各种概念都可以被操纵）。从这个观点来看，海马体提供了成功导航所依赖的记忆库，而不是实际执行导航计算。

　　显然，我们仍然有很多不知道的东西，但在最近一篇回顾过去50多年研究的文章中，莫泽夫妇大胆地得出结论，导航可能是"在机制方面得到理解的最早的认知功能之一"。

　　然而，一个有趣的哲学问题仍然没有得到解决。虽然海马体和内嗅皮层在导航中起着关键作用已被证实，但关于它们所体现的时空坐标系统的基础仍然有争论的空间。与经典物理学相一致，大多数神经科学家想当然地认为，空间和时间是现实世界的基本、固定的维度，并以某种方式呈现在大脑中。

　　但是现代物理学告诉我们，空间和时间实际上并不是独立的维度，而且它们绝不是固定的。我们对空间和时间的主观感受也非常易变。那么，还有另一种可能性吗？也许空间和时间仅仅是从我们与世界的物理互动中产生的构念。

　　斯坦福大学的年轻研究员安德留斯·帕绍科尼斯（Andrius Pašukonis）花了很长时间在法属圭亚那的雨林里耐心地研究体形微小的青蛙（25毫米

长），这些青蛙做了一些令人惊叹的事情，而且到目前为止人们仍然无法解释它们的这些行为。

雄蛙占领了一小片灌木丛，其间，它们会保卫这一领地并用叫声吸引雌蛙。交配后，雌蛙产卵，雄蛙则小心翼翼地将卵转移到森林中的其他水域——蝌蚪可以在那里孵化和成熟。完成转移任务后，雄蛙会返回它们的领地。帕绍科尼斯设计了一种特殊的氯丁橡胶护裆带，以便将无线电追踪设备安装到雄蛙身上，然后再将它们运到离家800米远的地方。

让帕绍科尼斯惊讶的是，这些青蛙不仅能找到返回的路，还能遵循相当直接的路线，尽管它们的旅程有时会持续好几天。考虑到雨林的环境是如此杂乱，并且充满了噪声、气味和障碍物，以及几乎无法看到天空，所以很难理解它们是如何做到这一点的。

25 人类的导航大脑

还有很多深层次的问题待解决。例如，为什么可怜的亨利·莫莱森在切除海马体后会遭受如此严重的记忆损伤？尤其是他为什么无法记住新家的位置？海马体和相关大脑区域共同合作支持我们的导航能力，并为托尔曼推测的认知地图提供了基础。

这就很容易理解为什么阿尔兹海默病的发病往往以迷失方向这一迹象为前兆了。潜在的损伤通常会先出现在内嗅皮层——网格细胞网络的所在地——然后扩散到海马体。难怪人们向阿尔兹海默病患者提出的第一个问题是："你认为自己在哪里？"

寻找阿尔兹海默病治疗方法（或更好的预防方法）的进展一直很缓慢，但是更丰富的关于大脑如何指挥我们导航的知识，已经帮助患者更好地应对这种疾病带来的迷失方向问题。例如，建筑师现在能设计出可以让患者更轻松导航的建筑。神经科学家和设计师之间的合作是一个不断增长的趋势，我们都将从中受益，这种受益要么是直接的，要么是通过改善我们最在意的人的生活实现的。

最著名的人类导航实验之一与伦敦的出租车司机有关，为了获得营业执照，他们必须记住这座城市中数千条不同的路线。获得这种所谓的"知识"是一个极其费力的过程，通常需要两三年才能完成，而且不是所有人都能通过最后的测试。埃莉诺·马奎尔（Eleanor Maguire）和她的团队使用核磁共振大脑扫描仪发现，出租车司机海马体的后部明显比对照组的大。

此外，该部位体积增加的程度与他们开出租车的时间长短相关——时间越长，海马体越大。*有趣的是，服务年限差不多的伦敦公交车司机的海马体体积没有出现类似的变化，这大概是因为日复一日沿着相同路线行驶的任务对导航的要求远远低于出租车司机所面临的任务。

马奎尔的发现暗示，海马体的大小与它得到的"锻炼量"有关，换句话说，就是和我们做的激活海马体的事情的频率有关。如果我们花费大量时间使用空间记忆来导航，我们就可以预期它会增长，反之亦然。为了与"用进废退"的世界观保持一致，一些研究人员甚至建议，随着年龄的增长，我们应刻意多使用自己的空间记忆——而不是完全依赖GPS——因为这可能会降低阿尔兹海默病等疾病的患病风险，并延缓我们正常的、与年龄相关的导航能力的退化速度。

这个理论引起了媒体的广泛关注，但似乎还没有任何直接证据来支持它。我问英国阿尔兹海默病国家研究所的主任马丁·罗索尔（Martin Rossor）和他的同事詹森·沃伦（Jason Warren），他们是否认为由于缺乏使用而导致的海马体萎缩可能会增加罹患阿尔兹海默病的可能性。

罗索尔非常谨慎。他不明白为什么海马体体积的减少会增加罹患这种疾病的可能性。然而，他认为海马体相对较小的患者的"认知储备"可能低于海马体较大的患者。换句话说，这种疾病影响的严重程度可能在一定程度上取决于发病前大脑受影响部位的发育程度。因此，没错，海马体较小的人——可能是因为缺乏使用——在面对阿尔兹海默病时，可能受到的影响更大。

然而，沃伦提醒说，这是一个"先有鸡还是先有蛋"的问题：

> 以我为例，我的方向感简直糟糕透了，所以我会牢牢抓住自己能得到的任何形式的电子辅助设备，因为只有这样，我才有可能找到从A点到B点的路。假如我之后患上了阿尔兹海默病，那是因为我使用了电子辅助设备，还是因为我的海马体导航系统很弱呢？

---

* 有趣的是，似乎存在某种取舍。对照组的海马体前部比这些出租车司机的大，这可能意味着出租车司机不太擅长回忆某些类型的视觉信息。

罗索尔还指出，阿尔兹海默病并不总是与导航困难相关。这完全取决于神经斑和神经纠缠（这种病症的决定性特征）出现在大脑中的实际位置。而找路时遇到的问题也可能反映的是与导航无关的困难。例如，在某些类型的阿尔兹海默病中，人们会丧失识别地点的能力。他们可能知道自己在医院，甚至知道自己是如何到达那里的，但是他们无法说出这栋建筑的名字，这让他们看起来好像迷路了。而且更直截了当地说，如果有人不能说出自己身在何处，那他们有可能只是忘了自己是如何抵达那里的。

概念导航

在日常生活中，我们会说自己仿佛来到了世界"之巅"或者"在走下坡路"，我们会"审视"事物，并说自己拥有"密友"或者"疏远的关系"。伟大的科学哲学家托马斯·库恩（Thomas Kuhn）将科学理论描述为"地图"，人们也经常谈论"绘制"（mapping）自己的人际关系。人类语言在很大程度上依赖空间隐喻，而且我们经常在对话和思维过程中使用它们——这可能并非偶然。它很可能揭示了关于我们思维方式的一些深刻内涵。

神经科学领域最吸引人的理论之一是，人脑中支持地理导航的部分，特别是海马体，可能也参与了概念导航。长期以来，科学界一直认为，我们"更高层次"的思维过程和极其灵活的智力依赖的是前额叶皮质的工作，但我们现在知道，它无法独立做到这一点。如果没有健康的海马体，就不可能进行如此多样的活动，包括对话、处理社会关系、做出明智的决定、操控想法、为未来做计划，甚至发挥我们的创造力。

我们复杂的社会结构可能在很大程度上归功于我们在物理空间和概念空间中描绘同伴位置的能力，以及对他们未来可能做出的行为进行准确的预测。一个惊人的事实是，无论男女，人们对人的位置的估计比对无生命物体位置的估计更准确，而且有一些证据表明，大鼠、小鼠和蝙蝠都有专门的脑细胞，用于追踪同物种其他成员的位置。我们与他人产生共鸣的能力可能也依赖于海马体的完整性。

在最近的一个有趣实验中，18个人参与了一个角色扮演游戏，其间，他们的海马体会被大脑扫描仪监测。游戏中，参与者搬到一个新的城镇，必须通过结识镇上的居民才能找到工作和居住的地方。他们观看了卡通人物通过对话框"对话"的幻灯片。每次互动的结果都反映了参与者和虚构角色之间关系的变化。

他们海马体活动中发生的同步变化表明，参与者正在"一个由权力和从属关系构成的社会空间中"导航。研究者总结道，社交空间的概念不只是一个比喻：它可能确实"反映了大脑如何展示我们在社交世界中的地位"。

从进化的角度来看，这一切都很有意义。我们的狩猎－采集者祖先显然需要知道并记住在哪里可以找到猎物、可食用植物和水等资源，但对他们而言，追踪自己与部落其他成员——无论是家人、朋友、同盟、敌人还是配偶——的关系也是至关重要的。

最近对纳米比亚部落的研究甚至表明，男性在导航任务中的优势可能是进化的结果，因为那些在寻找性伴侣的旅途中走得更远的男性比他们的竞争者拥有更多后代。可以毫不夸张地说，我们的生活取决于使用认知地图的能力，而这张心理地图记录的不只是地点，还有人际关系。

了解我们自己所在的位置，以及其他人、动物和事物不断变化的位置，还有我们和它们之间的关系，是我们的物质、社会和文化生活的重要组成部分。但创造性思维以及将自己置于想象的未来情境的能力也同样至关重要。

任何试图给"创造性"这个以含糊其词而闻名的术语下定义的人都是在自找麻烦，但将图像和想法结合起来以产生全新事物的做法，无疑体现了它的重要作用。这些活动与我们在脑海中规划新路线时的行为密切相关。

虽然我们已经知道，大脑的其他部分——尤其是前额叶皮质——在创造性思维中起着关键作用，但研究人员最近指出，"创造性"也取决于是否拥有一个健康的海马体。

在一项测试中，参与者被要求找到让玩具更有趣的办法，想出纸板箱的新用途，或者从椭圆形的人物轮廓开始绘制新颖的图画。与健康的受试者相比，那些遭受严重海马体损伤和部分记忆丧失但没有其他认知问题的患者的得分较低。

他们很难产生新想法，而且这些想法被认为不如无损伤对照组的想法那么新颖和有趣。当他们面对根据三个相关词猜"目标词"的任务时，情况也一样（对于"冰淇淋""滑冰"和"水"，目标词是"冰"）。和健康的受试者相比，他们找出目标词的难度大得多。

最后一项研究提供了更直接的证据，表明人类的概念导航和空间导航都依赖类似的大脑过程。当人类受试者进行与导航无关的完全抽象的认知任务时，在支持类似地图的空间表征的网格细胞中发现的典型放电模式也会出现。

这些模式不仅存在于物理导航期间活跃的大脑区域（如内嗅皮层），还存在于我们已知将习得概念应用于新情况的大脑区域（如前额叶皮质）。这表明我们操控概念的能力与我们记录和分析空间关系的能力都以相同的原则为基础。

每周都有新发现公布，因此不久后，神经科学家们很可能会对支配物理和概念导航的机制给出更精确、更详细的解释。但目前已经很清楚的是，我们大脑中的导航计算机不只是一个只有在我们进行物理旅行时才会启动的附加配件。让我们能够找到路的大脑回路具有更广泛和更深刻的意义：它们在塑造我们的生活和定义我们是谁方面发挥着关键作用。

最近，一项开创性的在线调查被用来探索250多万人的导航能力，他们来自世界各地。参与者玩了一款名为"航海英雄"（Sea Hero Quest）的手机视频游戏，该游戏可通过手机应用程序下载。如果玩网络游戏的能力是真实世界中导航能力的可靠指标，那么调查结果表明，这种能力会随着年龄的增长而稳步下降——无论参与者来自哪里。研究还显示，男性在导航方面通常比女性更高效，不过有趣的是，性别差异的大小与社会不平等程度的衡量结果密切相关。

也许女性和男性一样拥有与生俱来的导航潜力，但由于练习这种技能的机会有限，所以往往无法意识到这一点。这是性别偏见的又一个例子。

有趣的是，北欧国家的居民成了世界冠军。研究者推测，定向越野运动在该地区的长期流行可能解释了他们高超的导航技能，尽管还有另一种可能的解释，即也许他们只是在漫长的冬夜里玩了很多电子游戏！

$$\varnothing \quad \varnothing \quad \varnothing$$

"大象永远不会忘记"——至少很多人是这么说的——这个民间传说似乎有一定的根据。

非洲草原象有时要走100多千米才能找到食物或水，它们非常擅长找其他大象——即便后者不在视线范围之内。通过追踪设备，研究人员发现它们拥有"非凡的空间敏锐度"。在寻找前往水坑的路时，它们的方向完全正确，有一次离水坑的距离将近50千米远。更重要的是，它们似乎总是选择最近的水坑。研究人员确信，大象总是能准确地知道它们与所需物资之间的相对位置，因此它们可以走捷径，也可以走熟悉的路线。

虽然非洲象用于长途航行的线索还不清楚，但气味很可能发挥了一定作用。

大象对待食物非常挑剔，但是直到最近，人们对它们如何选择食物仍然知之甚少。一种可能性是，它们只是使用了自己的眼睛，并逐一品尝自己找到的植物，但这样做会浪费大量时间和精力，更何况它们的视力其实并不怎么好。

植物产生的挥发性化学物质可以扩散得很远，而且它们非常有特点：

每一种植物或树木都有自己独特的气味特征。更重要的是，即使在看不见它们的情况下，也能被探测到。新的研究表明，气味是引导大象（很可能还包括其他食草动物）找到最佳食物来源的关键因素。

研究人员首先确定了大象在自由觅食时更喜欢吃或避免吃什么植物。然后，他们设置了一个"食品站"实验，让大象只根据气味进行一系列选择。实验表明，大象可以很好地利用气味来识别适合食用的小片树林，以及评估树林内每一棵树的品质。在野外自由活动的大象大概也利用这些信息来确定它们喜欢的食物。

大象发育良好的海马体结构或许能让其像大鼠和人一样构建认知地图。

第三部分

导航为什么重要?

26 地球的语言

意大利著名作家、化学家普里莫·莱维（Primo Levi，1919—1987）在奥斯维辛集中营度过了恐怖的一年并奇迹般地幸存下来，但因身体过于虚弱而无法直接返回都灵的家中。在漫长的归途中，他曾在苏联的一个营地休养了两个月。营地周围的森林对他和他的狱友产生了巨大的吸引力：

> 也许它为所有寻求独处的人提供了一份价值难以估量的礼物；我们被剥夺这种独处的机会已经很久了！也许是因为它让我们想起了其他的树林，我们此前曾去过的偏远地方；又或者是因为它看上去庄严、朴素、罕有人迹，不像我们所知道的其他景观。

在离营地不远的地方，树林渐渐逼近，所有动物的活动迹象都消失了：

> 当我第一次进入它时，带着惊奇和恐惧，并在吃了一些苦头后才认识到，"在树林里迷路"的风险并不只存在于童话故事中。我已经走了大约一个小时，并尽我所能地靠太阳确定方向，而在树枝不那么茂密的地方，偶尔能看到太阳；但是后来天空乌云密布，预示着要下雨了，而当我想回去时，我意识到自己已经迷失了方向。树干上的苔藓？所有地方都覆盖着苔藓。我沿着似乎正确的方向前进；但是，在荆棘丛和灌木丛中艰难地走了很长一段路之后，我发现自己和出发时一样，来到了一个自己完全认不出的地方。

在森林里跌跌撞撞地走了几个小时后，莱维确信自己将会死在里面：

我走了好几个小时，越来越疲惫和不安，几乎一直走到黄昏；我已经开始想，即使我的同伴来找我，他们也找不到我，或者几天后才能找到我，到那时，我肯定已经饿得精疲力竭，也许已经死了……然后我决定一直往前走，大体上是朝北（也就是说，让稍亮一点的天空一直保持在我的左边，那个方向应该是西），不停地走，直到我能看到主干道或者任何一条小路。

于是，我在北方夏季漫长的暮色中继续前行，直到夜幕完全降临。现在我被彻底的恐慌紧紧抓住，被陷入黑暗、森林和未知的由来已久的恐惧所折磨。尽管我很疲倦，但仍然有一种强烈的冲动，想朝任何方向冲去，而且只要我的力量和呼吸还能持续，我就想一直这样奔跑下去。

莱维描述的这种深陷于恐惧的状态有一个使人浮想联翩的名字，即"树林休克"。这种迷失是一种清醒的噩梦，其中的一切看上去都毫无意义，每件事物都呈现出邪恶的一面。世界本身变得不可思议——超出了我们的"见地"或知识范围——因此极具威胁性。从字面意思上说，我们不知道该往哪个方向走。在这种情况下，犯下危及生命的错误的风险大大增加。

最终，莱维听到了远处火车的汽笛声，意识到自己完全走错了方向。他找到了通向铁路的路，沿着铁轨一路向北，并一直盯着小熊星座——这个星座中包括刚刚从云层中出现的北极星。

现在如果陷入类似的困境，我们当中没有多少人知道该怎么做到这一点。像伊诺斯·米尔斯——他是一名登山向导，在患上雪盲症的情况下，独自一人在落基山脉幸存下来（见第88页）——那样拥有非凡的野外生存技能的人如今已经非常罕见，可以被视为天赋异禀的奇才。

采访过美国荒野搜救队的丽贝卡·索尔尼特（Rebecca Solnit）说：

> ……很多迷路的人在迷路时没有注意到，当他们意识到自己不知道如何返回时，他们不知道自己应该做什么，或者不愿意承认自

已不知道。需要关注的东西有很多，这是一门技艺：天气，你所走的路线，沿途的地标，转过身来时背后的风景和你走来时的风景有多么不同，根据太阳、月亮和星星的位置定向，流水的方向。成千上万的迹象使荒野成为一个可以被识字者阅读的文本。迷路的人往往不懂地球本身这门语言，或者不肯停下来认真阅读。

大多数城市居民已经完全抛弃了密切观察周围环境，以及不断（即便是无意识地）追踪自己所在位置和前进方向的古老习惯。相反，我们依靠电子设备来找路。这通常不会带来什么问题，但电池可能会耗尽，卫星信号很容易丢失，甚至被干扰。后者是一个严峻但很少被讨论的威胁。

GPS卫星发出的信号非常微弱：实际上，不比汽车前灯强多少。由于这些卫星距离地球表面2万千米，所以很容易受到在同一频率上发射的更强信号的干扰。专门设计用来进行这种干扰的设备可以在互联网上轻易获得，它们被犯罪分子用来隐藏装有追踪设备的车辆的移动，而且可以在相当大的范围内干扰GPS接收器。你是不是有时会无缘无故失去GPS信号？那你可能已经在不知不觉中成了信号干扰的受害者。

还有"电子欺骗"的威胁：有人故意发送假装来自GPS卫星的信号，实际上是为了让你的接收器显示错误的位置。这是一项经过验证的技术，已经给朝鲜和俄罗斯海岸附近的船只带来了麻烦。和干扰一样，它被视作战争或恐怖主义的有力武器。

但是还有更深层次的问题。尼古拉斯·凯尔（Nicholas Carr）是一位作家，他在作品中探讨了我们对自动系统的依赖。他认为，计算机让我们容易犯两种认知错误：

> 当计算机引诱我们产生一种虚假的安全感时，自动化自满（automation complacency）风险就会出现。我们确信机器可以准确无误地运行，并能处理任何突发问题，因此我们允许自己的注意力分散。我们开始从工作中脱离，而对周围发生的事情的关注

力也逐渐消退。当我们过于相信通过监视器获得的信息的准确性时，就会出现自动化偏差。我们对软件的信任变得如此强烈，以至于我们忽略或忽视了其他信息来源，包括我们的眼睛和耳朵。当计算机提供不正确或不充分的数据时，我们仍然对错误选择视而不见。

有时，这些错误会产生可笑的后果：有人盲目地遵循GPS发出的指示，结果把车开进了河里。但它们也可能导致灾难，例如飞机失事和沉船事故。此外，人们滥用技术的危险也存在。在山上远足或乘船航行时，不应使用专为道路而设计的卫星导航系统，但很多人都会犯这些错误。苏格兰罗蒙湖国家公园的工作人员露丝·克罗斯比（Ruth Crosby）说，她和她的同事经常会被那些计划只带手机登山的徒步旅行者询问本洛蒙德山的邮政编码。

一些不幸的人甚至连最基本的导航技能都学不会。他们的大脑似乎处于完美状态——与阿尔兹海默病患者的大脑大不相同——但即使在他们熟悉多年的区域，也很快就会迷路。首个这样的病例出现在2009年，而该病症被命名为"发育缺陷性地形定向障碍"（简称DTD）。

从那时起，在一项在线调查的帮助下，已经确定了100多个其他病例。后续的测试证实，这些患者——其中85%是女性——在涉及定向、地标识别和回溯他们走过的路的任务中的表现远不如对照组，尽管他们在面部和物体识别方面和对照组一样出色。目前尚不清楚是什么导致了发育缺陷性地形定向障碍症，它似乎是一种伴随终生的痛苦折磨，也不清楚女性是否真的比男性更容易患这种病：也许只是她们更愿意承认自己有这个问题。

发育缺陷性地形定向障碍症患者在这件事上别无选择，但我们大多数人如今如例行公事般地旅行，没有真正了解我们去了哪里或者如何抵达那里。我们像包裹一样被运送，并且很高兴能够安全抵达我们选择的目的地时，如果旅程顺利的话，我们就会松一口气。现代旅行鼓励顺从性：我们太愿意将导航任务交给其他人，无论是飞机的飞行员，还是无处不在的GPS

导航迷人且充满自信的声音。自动驾驶汽车正在将这种依赖性提升到一个新的水平。

我们的祖先几乎探索了地球的整个表面，并在不借助任何工具的情况下，占领了地球的大部分区域，使用的仅仅是他们敏锐的感官和天生的智慧。早在磁罗盘、星盘、六分仪和航海天文钟被发明之前——更别说GPS了——正如我们在前文中所看到的，他们就已经发展出了各种令人惊叹的寻路技能，适应了从北极高地到澳大利亚沙漠和太平洋热带水域的各种环境。

下面是一个名叫伊库马克（Ikummaq）的因纽特老人在2000年向克劳迪奥·阿波塔讲述的一则逸事，它揭示了现代技术是如何威胁到这些古老的生活方式的：

> 如果一个年轻人问GPS某个地方在哪里，GPS会告诉他答案。但是，如果那个年轻人向一个老人问那个地方在哪里，老人会详细地描述，但描述的不是确切位置，而是"这个先出现，比如一个海湾、一个点、一个人形石碑……"随着你的进一步询问，他会确切地告诉你会发生什么。年轻人可没有时间做这些。他只想知道那个地方在哪里……
>
> 我的一些同龄人也严重依赖GPS，因为他们的父亲没有和他们坐在一起，或者没有将他们带到陆地上，教他们去哪里、怎么去，以及什么是危险的。他们没有那种经历。随着时间的推移，如果你不断练习，会发现这（因纽特人的导航技能）几乎就像一门科学。实际上，也许它就是一门科学，只是没有书面记载。只是存在于大脑之中的、代代相传的知识。

虽然卫星导航提供了许多实用的优势，但它的采用导致了寻路技能的下降，更普遍地说，"对土地的感受减弱了"：

　　驾驶装有GPS的雪地摩托的因纽特人和驾驶装有GPS的运动型多功能用途汽车的郊区通勤者并无太大区别：当他专注于电脑发出的指令时，他注意不到周围的环境……千百年来使一个民族卓尔不群的独特才华可能会在一代人的时间里消失。

　　美国地质调查局安克雷奇分局的鲍勃·吉尔（Bob Gill）是斑尾塍鹬的超凡耐力的发现者，他告诉我，阿拉斯加原住民对GPS有自己的称呼。他们称它为"盒子里的老人"。

　　虽然太平洋上的岛民的古老技艺已经开始复兴，但在其他地方，古老的技艺正面临严重的威胁，可能很快就会只存在于神话和传说之中。它们的消失将切断我们与并不那么遥远的采集—狩猎祖先之间延续至今的最重要的联系之一。GPS革命是漫长的历史进程中的最新阶段，在这一进程中，我们已经相继抛弃了我们的祖先曾经依赖的大部分实用技能。我们非常乐意让专业人士来为我们种植食物、制作衣服和建造房屋。现实中，我们正在抛弃或许是最古老和最基本的技能——导航。

　　海明威小说中的一个人物在被问及自己是如何破产时，他回答说："渐渐地，然后突然破产。"我们导航能力的丧失也是以大致同样的方式发生的。它开始得很缓慢，伴随着罗盘和六分仪等较早、较简单的技术的采用，但是这些技术并没有减少我们密切关注周围世界和使用自身智力的需要。

　　相比之下，GPS的出现为我们与自然的关系带来了突然且根本性的变化。现在，我们可以毫不费力地确定自己的位置和路线——甚至不需要把眼睛从发光的屏幕上抬起。那些看似把我们从沉重负担中解脱出来的小玩意儿，不仅让我们变得更虚弱了，还让我们与自然界渐行渐远了。

　　GPS几乎是个奇迹，是现代最伟大的技术成就之一。但是，在我们对它的热爱中，我们的行为是否有点像浮士德——那个出卖灵魂以换取最美好愿望实现的人？

　　尽管我们还没有意识到这一点，但我们正在迅速变成导航白痴。为了避免这种命运，我们需要尽量把手机和电子导航系统弃置一旁。与其自动地依赖GPS——哪怕是在我们非常熟悉的路线上——我们应该张开眼睛，锻炼我们的大脑。除非我们想完全丧失自己的导航技能，否则我们必须重新学习如何说地球语言。

◎ ◎ ◎

2013年4月23日，66岁的退休护士拉尔丁·拉盖（Geraldine Largay）和她的旅伴简·李（Jane Lee）从西弗吉尼亚州的哈珀渡口（Harper's Ferry）起程。她们雄心勃勃的计划是徒步旅行到阿巴拉契亚国家步道的北端，全程约1770千米。

李在6月末就打道回府了，但是拉盖决心独自坚持下去，尽管她的方向感很差，而且饱受焦虑症的折磨。7月21日，她的身体状况仍然良好，并且距离这条步道位于缅因州卡塔丁山的终点不到320千米；此时，她已经走了近1600千米。第二天，她和丈夫会合，后者给她带来了下一段路程的补给。另一名徒步旅行者在7月22日上午6点半左右为拉盖拍摄了一张照片，当时拉盖正准备出发。她是最后一个看到拉盖活着的人。

7月24日，拉盖的丈夫报告称她逾期了，缅因州渔猎局开始搜索她最后出现的地点周围树木茂密的山区。在飞机和搜救犬的帮助下，许多其他机构也加入了这场大规模的搜救行动。虽然最初的搜索在一周后被取消，但案件仍然悬而未决，警方继续追查了一系列虚假线索。2015年10月，也就是两年多后，一名测量员偶然发现一个坍塌的帐篷，并在帐篷里发现了拉盖的遗体。

拉盖的手机显示，她在7月22日早上离开步道去上厕所。当时她迷路了，无法返回原来的步道，她反复尝试给丈夫发信息，但由于缅因州这个偏远山区的信号很弱，或者根本就不存在，所以他一条信息也没收到。

她最后的营地距离小径只有3千米远，搜救队不止一次靠近她的位置。

人们在帐篷里发现了她的日记，根据日记的记录，她至少活到了2013年8月中旬，那时她的补给已经消耗完了。最后一次明确注明日期的记录是在2013年8月6日。那是绝望而平静的一条信息：

当你们发现我的尸体时，请给我丈夫乔治和我女儿凯莉打电话。让他们知道我已经死了，知道你们在哪里发现了我，那对他们来说将是最大的安慰——无论在多少年后。

27 结论

北美帝王蝶的数量正在减少，研究其迁徙行为的科学家们正在帮忙查明原因。原因包括它们越冬的高地森林遭到破坏，以及美国大平原上广泛使用的草甘膦除草剂（如"农达"），这种除草剂杀死了幼虫赖以生存的植物。如果不采取有效措施来应对这些威胁，堪称最令人难忘的自然现象之一，也就是帝王蝶一年一度的迁徙盛世，可能很快就会只剩下一段回忆。

我们知道草甘膦会削弱蜜蜂的导航能力，而且很可能与它们数量的减少有关——这个问题严重威胁到了农业生产力，因为这些昆虫在授粉过程中发挥着至关重要的作用。使用除草剂带来的危害几乎肯定会扩展到许多其他昆虫物种。

栖息地的减少正在危及无数动物，候鸟尤其处于险境。例如，英勇的斑尾塍鹬在从新西兰返回阿拉斯加的途中，必须在亚洲海岸的湿地停下来补充能量，但由于这里的湿地正在迅速萎缩，它的生存如今很成问题。气候变化可能会导致巨大的洋流和风系统的循环发生变化，这将严重威胁到许多依赖它们生存的动物——从海龟和鲸到北极燕鸥和蜻蜓。

我们知道光污染对许多动物来说是一个严重的威胁。人造光诱使海龟离开大海，并邪恶地迷惑了许多鸟类和昆虫。它们对控制许多动物导航行为的生物钟产生了灾难性的影响。解决这个日益增长并在很大程度上并无必要的问题是一项重大挑战，而且尚未得到足够广泛的重视。*

当然我还可以继续讲下去，但即便是这几个例子，也足以说明动物导航研究是如何指导我们保护那些与我们共享这颗星球的大大小小的、令人惊叹的生物以及应对环境变化的。

---

* 更多信息见国际黑暗天空协会网站。

从完全自私的人类角度来看,了解控制蝗虫、地老虎蛾(包括布冈夜蛾)等农业害虫运动的因素,具有重要的经济和社会价值,而控制由动物携带的危险疾病(如流感和疟疾)的传播则依赖于知道它们去了哪里、何时去的,以及为什么去。这些问题都是动物导航学家已经(并将继续)做出重要贡献的方面。

多亏了神经学家的研究,我们现在知道,训练自己的导航技能可能会帮助我们更好地应对与年龄相关的导航能力的正常衰退,甚至可能帮我们应对阿尔兹海默病的破坏性侵袭。大脑如何完成导航任务的相关知识也可以帮助我们更有效地帮助阿尔兹海默病患者,例如,设计让他们能够在其中更轻松、更安全地导航的环境。

我们对人类和动物导航背后的感官和计算过程的理解在日益加深,而这已经影响了突破性新技术的发展。从自动驾驶汽车和机器人系统到机器视觉,甚至还有量子计算,这些技术都有能力改变我们生活的世界。这些发展在军事和安全领域有很多潜在用途,这一点也有助于解释为什么动物导航研究的大量资金来自政府拨款。我们把新知识用来做好事还是坏事,完全取决于我们自己。

我们每个人都遵循着一条穿越时间和空间的路线——如果你愿意的话,可以将其称为"生命线"(life-line)——它塑造了我们一生的故事。当我们从沉睡中醒来时,我们记得自己是谁的能力依赖于我们能回忆起自己去过哪里、遇到过谁、做过什么,以及在哪里做的这些事。这些东西给了我们一种持久的个人认同感,如果没有它们,我们的生活就会分崩离析——就像我们在阿尔兹海默病晚期病例中看到的那样。通过揭示我们是如何构建自我意识的,导航神经科学正在帮助我们理解自己是谁,以及我们与我们的动物表亲有多少共同之处。

长期以来,我们人类一直以自己比其他"造物"更优越而自豪(至少在西方世界是如此)。我们的特殊地位被记载在《创世记》中,书中宣称上帝"按照他自己的形象创造了人",并赋予人"对海里的鱼、空中的飞鸟和地上活动的一切生物的统治权"。圣奥古斯丁走得更远。他诡辩道,我们对其他动物没有道义上的责任,对此他引用了这样一件事作为证据,即耶稣将魔鬼从人身上赶出来,然后将它们送到猪群里,再将这群猪淹死。而从本质上来说,那些和我们共同生活在这颗星球上的其他物种只是为了供我们使用而存在的,因此它们的福祉并不重要。

在中世纪,圣托马斯·阿奎那采取了较为温和的立场,认为我们应该善待动物,因为如果不这样做,我们可能会养成残忍的习惯,进而将这种习惯延伸到我们对待人的方式上。但他并没有质疑我们作为人类的根本优越性。此外,拥护人类中心主义理念的不只有基督教作家。例如,亚里士多德坚持认为,自然界创造万物都是为了人类。

达尔文主义革命对这种深深以人类为中心的世界观提出了毁灭性的挑战,随后的科学进步摧毁了它在学术上的可信度。在某些方面,我们可能比其他造物更有天赋,但在另一些方面,它们显然比我们优越。关键的一点是,无论从哪个层面来看,这种差异更多的是程度上的,而不是种类上的。

人类并不是属性不同的存在:我们也是动物,是产生细菌、水母、蜈蚣、龙虾、鸟类和大象的同一进化过程的产物。让我们与众不同的是,我们有能力影响地球上所有其他生物的命运——而且我们在这件事上拥有一定的选择权。

旧的思维习惯(和信仰体系)很难改变,人类中心主义仍然深植于我们的思维中。事实上,它仍然对公众生活产生着巨大的影响,特别是美国,原教旨主义的宗教思想是许多政客拒绝承认气候变化这一现实问题背后的原因。但问题远不止于此。那些将《圣经》启示视为比科学更可靠的世界信息来源的人几乎无法理解我们所面临的许多实际问题,更不用说去解决它们了。在宗教信仰的名义下大行其道的针对科学的怀疑主义,让我们的"领导者们"可以嘲笑"专家意见",因为后者对他们无知有时甚至是危险的观点提出了不可忽视的挑战。

人类中心主义不但削弱了我们对自己所面临的危险做出明智反应的能力，还给了我们一个轻视整个自然界的借口。我说的不仅仅是数以百万计的农场动物受到虐待，尽管这已经够糟糕的了。我们正在迅速地破坏整个生态系统：从正在融化的北极和热带地区白化的珊瑚礁，到太平洋西北部被砍伐的雨林和被过度捕捞的海洋。我们正在目睹（实际上是在造成）一场令人震惊的生物大屠杀，即使这不会对我们自己的福祉构成真正的威胁。

人类中心主义是一种具有破坏性的危险力量，如果我们要采取必要措施来限制我们正在对自己所生活的世界造成的破坏，我们就必须克服这种力量。这不是一件容易的事，尤其是因为我们人类远远不是完全理性的存在。我们都受制于强大的社会压力，更愿意与那些对我们有影响的人保持一致。我们倾向于忽视任何威胁我们现有理念的证据，抓住任何可以支持它们的证据，而且我们经常在尚未仔细检查所有证据之前就草率地下结论。

如果想在解决我们面临的许多环境问题方面取得进展，我们不仅要挑战质疑者，而且要鼓励那些认识到需要改变，但又不敢采取如此急迫措施且在政治上有困难的人。如果我们避免过分关注对未来的悲观预测，我们可能会取得更快的进展。有一种危险是，通过鼓励宿命论的传播，这样的预言有可能会自我实现。

更重要的事情是提醒自己我们生活在众多奇迹之中，并尽可能多地结交那些能欣赏与我们共存于世的动物们是多么了不起的人。假设关于动物导航的发现本身就会产生重大影响是荒谬的，但它们可以帮助我们认识到所有处于危险之中的东西的价值。

我们这个物种已经存在了30万年，而我们在村庄或城镇中生活的时间最多有1万年。拥有100多万居民的城市只存在了几百年，但现在我们大多数人都挤进了城市，基本上与自然隔绝——除了公园和少数能够忍受城市生活的树木、植物和动物。我们祖先生活的一个基本特征是沉浸在大自然中，但对如今的大部分人来说，那已不存在于记忆之中。

从进化的角度来看，从采集－狩猎者的生活方式到以城市为主的生活方式的根本转变发生在眨眼之间。无论我们喜欢与否，久远的过去仍然对我们产生着深远的影响——通过我们的基因和我们所属的文化——而且毫无疑问，自然界对我们仍然至关重要。伟大的昆虫学家爱德华·威尔逊（Edward Wilson）认为，我们遗传了一种"与其他生命形式相联系的冲动"，并将这种冲动命名为"亲生命性"（biophilia）。

我们似乎确实被"自然"呈现出的各种奇妙形式所吸引。我们中的一些人可能喜欢在山上徒步旅行，而另一些人则喜欢在宁静的河边钓鱼，或者在开阔的大海上航行。但无论我们的个人喜好是什么，有大量证据表明，与大自然接触不仅令人愉悦，而且对我们有好处。

实际上，大自然这剂良药有时可以起到转变性的作用。沉默寡言的战争受害者，在科罗拉多河的激流中划了几个星期的皮划艇之后，学会了重新开始生活。即便只是从医院的窗户看一下花园，也能帮助病人更快地从手术中恢复，而在树林里长时间散步（该疗法在日本称为"*shinrin-yoku*"，即"森林浴"）可以减轻压力，并能产生许多其他有益的效果。

医学文献中有很多这样的例子。免疫系统的功能改善被认为是背后的机制之一。甚至有证据表明，自然现象引发的"敬畏"体验激励我们表现得更好——变得不那么自私，更愿意合作。

归根结底，城市生活和现代科技所带来的显而易见的好处，并不能补偿我们失去的一些神秘事物，而似乎只有与大自然实际接触才能弥补这种失去。也许我们能被大自然如此强烈地吸引，是因为在某种深层意义上，它是我们真正的家园——而我们渴望回到那里。

大自然可以呈现出令人无法抗拒的庄严感。想想高耸在美国大峡谷上方的古老而层次分明的悬崖，漆黑夜空中闪耀的群星，或者无边无际的广阔海洋。这种壮观的场面无声地驳斥了我们厚颜无耻的自负之心。但是，微小的东西也能深深地触动我们：一只燕子陡然俯冲，凶猛地捕食昆虫，为漫长的秋季旅程补充食物;一只蜣螂在普罗旺斯的山丘上滚粪球;一只海龟在热带海滩上勤奋地产卵;当一艘船在夜间航行时,10亿浮游生物在后面留下了闪闪发光的绿色尾迹;或者数百万只棕色的小飞蛾根据地球磁场设定它们的路线。

在这本书的调研和写作过程中,我一次又一次地惊叹于书中主角们(动物导航员)的非凡技能。即使我们自己的生命不依赖于我们居住的这颗星球的健康和活力也能存续,但保护从中涌现的这些奇迹的极其复杂的生命之网无疑是一种道德上的义务。

我们在大自然面前感受到的敬畏是一种神秘的力量。它一度被认为是神灵存在的确凿迹象。我们也许不再相信神,但如果我们想要繁荣昌盛,就必须学会尊重和爱护我们居住的世界,以及与我们共享这个世界的非凡生物。

我们必须制定新的指导方针。

致谢

首先，我要感谢我的经纪人凯瑟琳·克拉克（Catherine Clarke）和编辑鲁珀特·兰开斯特（Rupert Lancaster）。凯瑟琳耐心地帮助我制定了最初的动议，鲁珀特风趣而专业的建议对本书的形成起到了至关重要的作用。我还要感谢文字编辑巴里·约翰斯顿（Barry Johnston）、插画家尼尔·高尔（Neil Gower）、公关宣传凯伦·吉尔里（Karen Geary）和她的助手珍妮尔·布鲁（Jeannelle Brew）、负责营销活动的凯特里奥娜·霍恩（Caitriona Horne），以及将千头万绪整合起来的卡梅隆·迈尔斯（Cameron Myers）。

在为本书做调研工作时，我主要依赖科学期刊上的文章，但我也必须感谢借鉴的大量书籍（列在参考书目中）的作者，如休·丁格尔（Hugh Dingle）、保罗·杜琴科（Paul Dudchenko）、詹姆斯·古尔德（James Gould）和卡罗尔·格兰特·古尔德（Carol Grant Gould），塔尼娅·蒙兹（Tania Munz）和吉尔伯特·沃尔鲍尔（Gilbert Walbauer）等。

我非常感谢所有慷慨地与我分享专业知识的科学家们，他们是安德里亚·阿登（Andrea Adden）、苏珊娜·埃克森（Susanne Åkesson）、埃米莉·贝尔德（Emily Baird）、瓦妮莎·贝齐、罗杰·布拉泽斯、詹森·查普曼、尼基塔·切尔涅佐夫、玛丽·达克、迈克尔·迪金森（Michael Dickinson）、大卫·德雷尔、巴里·弗罗斯特、安娜·加利亚尔多、鲍勃·吉尔、安雅·金特、多米尼克·金奇（Dominic Giunchi）、乔恩·哈格斯特勒姆、露西·霍克斯（Lucy Hawkes）、斯坦利·海因策、彼得·霍尔、米利亚姆·利德沃格尔（Miriam Liedvogel）、露西娅·雅各布斯、凯特·杰弗里（Kate Jeffery）、巴兹尔·埃尔琼迪（Basil El Jundi）、肯·洛曼、保罗·卢斯基、亨里克·穆里森、马丁·罗索尔、雨果·斯皮尔斯

（Hugo Spiers）、埃里克·沃兰特、詹森·沃伦、吕迪格·魏纳和马修·威特（Matthew Witt）。

我特别感谢那些好心地通读了本书的初稿（全部或部分）并相当详细地做出评论的人，他们是詹森·查普曼、安娜·加利亚尔多、乔恩·哈格斯特勒姆、彼得·霍尔、凯特·杰弗里、保罗·卢斯基、亨里克·穆里森、马丁·罗索尔、埃里克·沃兰特和吕迪格·魏纳。此外，我还要感谢读了手稿并发表评论的普通读者，有杰西·莱恩（Jessie Lane）、乔治·劳埃德－罗伯茨（George Lloyd-Roberts）、理查德·摩根（Richard Morgan）和基特·罗杰斯（Kit Rogers）。

埃里克·沃兰特非常友好地允许我在大雪山加入他的团队，在那里，我见证了他们对布冈夜蛾开展的有趣实验。我在隆德大学期间，他和他的妻子萨拉对我非常好，就像我去苏黎世时，吕迪格·魏纳和他的妻子西比勒对我那样；我在比萨期间，保罗·卢斯基和他的妻子克里斯蒂娜对我也同样友好。在哥斯达黎加，瓦妮莎·贝齐、罗杰·布拉泽斯和肯·洛曼也把我照顾得很好。我非常感谢他们所有人的好心。

我还要感谢皇家导航研究所（Royal Institute of Navigation，简称RIN）及其现任所长约翰·波特尔（John Pottle），以及他的前任彼得·查普曼－安德鲁斯（Peter Chapman-Andrews）。他们在2016年举办的RIN动物导航大会为我提供了非常好的最新研究综述，特别是关于磁场导航的研究，还让我能够与该领域的众多著名科学家建立了联系。同年晚些时候，当我参加动物行为研究学会（Association for the Study of Animal Behaviour）组织的一场动物导航会议时，我也得到了许多有用的见解。

最后，我要向我的妻子玛丽表达最深切的感谢，感谢她不断地支持、忠告和鼓励，还要感谢我的女儿内尔和米兰达。她们的帮助是我用言语无法表达的。

精选参考书目

Ackerman, J., *The Genius of Birds*, London: Corsair, 2016.

Bagnold, R.A., *Libyan Sands*, London: Eland Publishing, 2010.

Balcombe, J., *What a Fish Knows*, London: Oneworld, 2016.

Cambefort, Y., *Les Incroyables Histoires Naturelles de Jean-Henri Fabre*, Paris: Grund, 2014.

Carr, A., *The Sea Turtle*, Austin: University of Texas, 1986.

Cheshire, J., & Uberti, O., *Where the Animals Go*, London: Particular Books, 2016.

Cronin, T.W., Johnsen, S., Marshall, N.J., & Warrant, E.J., *Visual Ecology*, Princeton: Princeton University Press, 2014.

Deutscher, G., *Through the Language Glass*, London: Arrow Books, 2010. de Waal, F., *Are We Smart Enough to Know How Smart Animals Are?*, London: Granta, 2016.

Dingle, H., *Migration: The Biology of Life on the Move*（second ed.）, Oxford: Oxford University Press, 2014.

Dudchenko, P.A., *Why People Get Lost*, Oxford: Oxford University Press, 2010.

Ellard, C., *You Are Here*, New York: Anchor Books, 2009.

Elphick, J., *Atlas of Bird Migration*, Buffalo, New York: Firefly Books, 2011. Fabre, J. H., *Souvenirs Entomologiques*, Paris: Librairie Ch. Delagrave, 1882.

Finney, B., *Sailing in the Wake of the Ancestors*, Honolulu: Bishop Museum Press, 2003.

Gatty, H., *Finding Your Way Without Map or Compass*, New York: Dover, 1999.

Gazzaniga, M.S., Ivry, R.B., & Mangun, G.R., *Cognitive Neuroscience: The Biology of the Mind*（second ed.）, New York: Norton, 2002.

Ghione, S., *Turtle Island : A Journey to Britain's Oddest Colony*, London: Penguin 2002. Tr. Martin McLaughlin.

Gladwin, T., *East Is a Big Bird*, Cambridge, Mass.: Harvard University Press, 1970.

Gould, J.L., & Gould, C.G., *Nature's Compass: The Mystery of Animal Navigation*, Princeton: Princeton University Press, 2012.

Griffin, D.R., *Animal Minds,* Chicago: University of Chicago Press, 2001.

Heinrich, B. (2014). *The Homing Instinct: Meaning and Mystery in Animal Migration.* William Collins, London.

Hughes, G., *Between the Tides: In Search of Turtles,* Jacana, 2012.

Levi, P., *If This Is a Man; The Truce* (S. Woolf, trans.), London: Abacus, 1987.

Lewis, D., We, *The Navigators* (second ed.), Honolulu: University of Hawaii Press, 1994.

Munz, T., The Dancing Bees: *Karl von Frisch and the discovery of the honeybee language,* Chicago: University of Chicago Press, 2016.

Newton, I., *Bird Migration*, London: W. Collins, 2010

Pyle, R.M., *Chasing Monarchs,* New Haven: Yale University Press, 2014.

Shepherd, G.M., *Neurogastronomy,* New York: Columbia University Press, 2013.

Snyder, G., *The Practice of the Wild,* Berkeley, CA: Counterpoint, 1990.

Solnit, R., *A Field Guide to Getting Lost,* Edinburgh: Canongate Books, 2006.

Strycker, N., *The Thing with Feathers*, New York: Riverhead Books, 2014.

Taylor, E.G.R. *The Haven-Finding Art: A History of Navigation from Odysseus to Captain Cook,* London: Hollis and Carter, 1956.

Thomas, S., *The Last Navigator,* New York, NY: H. Holt, 1987.

Waldbauer, G. *Millions of Monarchs, Bunches of Beetles: How Bugs Find Strength in Numbers,* Cambridge, Mass: Harvard University Press, 2000.

Waterman, T.H., *Animal Navigation*, New York: Scientific American Library, 1989.

Wilson, E.O., *Biophilia, Cambridge,* Mass: Harvard University Press, 1984.

索引